AF866466

CRM y Factores Humanos

Análisis de accidentes reales

Aviation Bookstore
aviation step by step

CRM y FFHH

Aviación en Simples Pasos

Facundo Conforti, 2026

Prólogo

Algo más de un siglo ha pasado desde que el hombre conquistó el cielo. Como toda conquista, requiere de asumir una innumerable cantidad de riesgos para lograrla; una vez lograda comienza el proceso de afianzamiento y con él la estabilización. El tiempo y el trabajo duro son los que permiten a que la estabilización sea segura.

Tal como se han producido en cada una de las conquistas del hombre, este proceso no escapó a esa lógica cronológica de crecimiento. Por supuesto, la aviación no está al margen de esa mecánica de desarrollo de las conquistas. Lamentablemente, para esta industria, el proceso de crecimiento conlleva la pérdida de vidas.

A más de un siglo de la conquista, podría decirse que la actividad se encuentra en la fase de estabilización, logrando conseguir estándares de seguridad afianzados, confiables y sostenibles. Si se llegó a esta instancia fue fruto del trabajo, la investigación, el estudio y la construcción de lo que hoy conocemos como cultura de la seguridad.

La conquista del cielo y la actividad segura requieren de acciones constantes para mantener e incrementar los niveles de seguridad que se han conseguido. Es por ello por lo que, en la presente obra se han rescatado los aspectos más salientes del desarrollo de conceptos y técnicas que sirven, sirvieron y servirán a las tripulaciones para mantener y mejorar los estándares que se han mencionado.

Como toda la evolución científica y social de la humanidad, se han aprendido grandes lecciones a través de los errores cometidos. En virtud de ello, se analizaron algunos de los accidentes más graves de la aviación para que a través de sus conclusiones queden mensajes didácticos y útiles para el fortalecimiento de la seguridad operacional.

Vaya el reconocimiento a todos los que con su esfuerzo y conocimiento ha permitido generar enseñanzas de las catástrofes. Es nuestra intención que estas páginas puedan ser de utilidad en la actividad diaria de vuelo y se constituyan en una herramienta de concientización, ayuda y fortalecimiento de la seguridad.

Capt. Facundo Conforti

Aviation Bookstore
aviation step by step

ÍNDICE

Aviation Bookstore
aviation step by step

Introducción a los Factores Humanos

A lo largo de la corta historia de la aviación, la industria fue creciendo con bases fundadas en el aprendizaje de los propios errores. En los comienzos, la mayor parte de los errores se hallaban en lo concerniente al diseño, la selección de materiales diseño de los procesos de mantenimiento preventivo y restaurativo. Con el correr de los años la faz técnica se fue consolidando, dando lugar a la detección de una problemática distinta.

Las investigaciones de los accidentes de la época comenzaron a revelar una mayor cantidad de falencias humanas vinculadas a las operaciones de las aeronaves. Los años transcurrieron y los procesos de investigación avanzaron. A través de ese crecimiento, nuevamente se individualizaron otros focos de problema. Con una mayor amplitud de criterios de construcción de la seguridad operacional, se pudo determinar que el mayor cúmulo de riesgos se encuentra en el sistema aeronáutico en sí mismo, como conjunto complejo que desarrolla su actividad en una industria de alto riesgo.

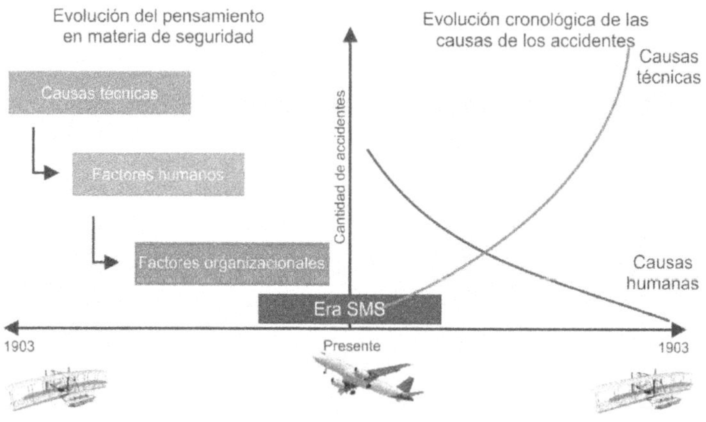

Como puede verse en la figura anterior, desde el primer vuelo en 1903 hasta la actualidad, la problemática de la industria fue mutando, de la mano de la evolución técnica y científica. A lo largo de los siguientes párrafos, la presente obra se centrará en la problemática vinculada a los factores humanos, las herramientas con que cuenta la industria para fortalecer ese aspecto y los grandes accidentes que han dejado una gran enseñanza a todo el sistema.

Ahora bien, ¿podemos eliminar el error de la cadena de acciones operacionales? Existe una sola respuesta a esta pregunta: imposible. No solo en la industria aeronáutica, sino en todas las industrias de alto riesgo, se han desarrollado modelos de pensamiento y acción tendientes a reducir la probabilidad de ocurrencia del error y mitigar sus consecuencias.

El paso inicial para lograr ese cometido es comprender el origen y los precursores que forman parte de la generación de un error u omisión. En primer lugar, es necesario dividir algunos criterios expresados en el uso y costumbre diario, que suelen contener algunos errores conceptuales… el más común: el uso de "factores humanos". El concepto de factores humanos involucra la interacción de los individuos entre sí y en un contexto tecnológico o de acción en cumplimiento de una tarea determinada. Cuando hay que referirse al comportamiento o la acción individual de una persona, debe hablarse de desempeño humano. Este concepto involucra la acción de esa persona sin considerar, o bien relativizando, el contexto operacional.

Para abordar el problema de la contención del error, es muy importante conocer su origen con el objetivo de atacar sus raíces. Las performances humanas, aplicadas al ámbito profesional aeronáutico, pueden considerarse que se encuentran basadas en las habilidades, en las reglas y en el conocimiento. Es decir, las habilidades de las personas expresadas como un control automatizado de las rutinas y acciones conocidas, y un control ocasional sobre los procesos no rutinarios; este tipo de performance se expresa como procesos basado en las habilidades (*Skill-Based SB*).

Por otro lado, existen patrones de conducta o secuencias complejas de procesos que deben entrenarse para poder ejecutarse en la resolución de una situación o problema; este tipo de performance se expresa como proceso basados en las normas o reglamentación (*Rule-Based RB*). Por último, existe un conjunto de esfuerzos conscientes que deben ser aplicados para la resolución de un problema o situación, las acciones que se adopten en este caso tendrán su génesis en la aplicación de conocimientos teóricos y prácticos aprehendidos previamente; este tipo de performance se expresa como procesos basados en los conocimientos (*Knowledge-Based KB*).

En definitiva, podría resumirse que existen tres fuentes de orígenes de los errores, que deben ser consideradas para la contención y la emisión de medidas de mitigación. Por lo tanto, para lograr un vuelo seguro, nunca debe perderse de vista:

- La capacitación y entrenamiento inicial y recurrente: como medida constante de mitigación de los errores basados en las habilidades y los procedimientos.

- La revisión constante de procedimientos, normativa y documentos de referencia: como medida de mitigación directamente relacionada con los errores basados en las reglas.

- La supervisión constante en cabina de todos los procesos: como medida de contención de los tres tipos de errores que puedan conjugarse en un momento crítico.

- Coordinación, comunicación y supervisión de los roles de cabina: defensa que debe estar presenta de modo constante, desde que se inicia el proceso de preparación del vuelo, hasta que el vuelo ha finalizado; con los motores apagados y la tripulación fuera de la aeronave.

- Conciencia de la problemática y la necesidad de aplicar medidas de mitigación por parte de las organizaciones: si una organización, operador o prestador de servicio no considera dentro de su planificación de gestión de la seguridad (SMS) estas consideraciones, es muy factibles que los individuos no puedan generar acciones de mitigación por su propia cuanta; por más que sean profesionales destacados con grandes habilidades y conocimientos en la materia.

Las organizaciones que más asimilado tienen el criterio de "amenaza, falla y error" son quizás las menos propensas a recaer en falencias como las mencionadas.

Los errores que se comenten en los distintos niveles de una organización suelen ser tratados como una secuencia de acciones (u omisiones) no deseadas. Sin embargo, debe quedar expuesto que todos los errores son parte de una o más desviaciones; algunas de esas desviaciones, incluso pueden ser consideradas como violaciones. En base a este pensamiento, pueden plantearse tres tipos de errores:

- El plan de acción es el apropiado, sin embargo, las acciones ejercidas para su ejecución son incorrectas, insuficientes o no apropiadas. Este tipo de error encuentra su génesis en las habilidades de ejecución (*skills based SB*). Pueden intervenir instancias de falta de atención, problemas de memoria, omisiones en la ejecución de una secuencia de acciones, inacciones inadvertidas, etc.

- Las acciones transcurren de acuerdo con lo planificado, sin embargo, el plan inicial de acción fue ejecutado de modo erróneo. Este tipo de errores son llamados "equivocaciones" y pueden ser clasificados de acuerdo con su génesis como errores en la ejecución de procedimientos o normas pre establecidas.

También puede vincularse con carencias o falta de los conocimientos específicos para el desarrollo del plan inicial.

- Las acciones adoptadas se desviaron intencionalmente del método o procedimiento seguro para el trabajo. Estas acciones deliberadas son consideradas como violaciones (en sucesivos párrafos de este capítulo, se aborda este tema).

Comprender y contextualizar el error

"*El error es inevitable*", reza la premisa... Entonces, las ciencias relacionadas comenzaron a trabajar. Los grandes avances en la comprensión y gestión del error se dieron a partir de la década de 1960. El ingeniero aeronáutico Theodore Paul Wright (1895-1970) fue uno de los primeros administradores que tuvo la Administración de Aviación Civil (CAA) de los EE. UU. (1944 a 1948), organismo precursor de lo que hoy es la Administración Federal de Aviación (FAA). Además, el Ing. Wright fue Rector de la Universidad de Cornell hasta 1951. Durante su administración en la Universidad de Cornell, junto a otro grupo de profesionales, desarrollaron un modelo de análisis que combinaba tres aspectos fundamentales: el hombre, al medio tecnológico y el medioambiente de trabajo.

En 1965 la Universidad de Southern California, a través de su Escuela de Ingeniería Vieterbi, postuló un nuevo modelo de análisis, al que denominó "5-M Model". El 5-M recibió ese nombre en función de los cinco elementos que involucraba el análisis: tecnología (*machine*), entorno medioambiental (*medium*), el hombre (*man*), la misión (*mission*) y el gerenciamiento o factor organizacional (*management*). Los modelos de factores humanos y organizacionales actuales investigan y desarrollan postulados en función de los ámbitos o situación de trabajo. Su objetivo es reconocer los actos inseguros, a través de la identificación de las fallas activas, para desarrollar medidas de mitigación tendientes a elevar el nivel de seguridad. Este modelo no tuvo un impulso importante y aplicación práctica, sino hasta 1976 por asesoramiento de consultores de Flight Safety Foundation (FSF).

A continuación, se expone un caso de estudio donde puede verse como un error simple de toma de decisiones de la tripulación, junto con otros errores de diseño; no contenidos adecuadamente, desencadenaron una catástrofe.

Caso de estudio: *Airbus A300 de China Airlines.*

El 26 de abril de 1994 China Airlines se disponía a realizar el vuelo 140 desde el Aeropuerto de Taiwan al Aeropuerto de Chubu Centair Nagoya. Para ello, el operador dispuso del Airbus A300-622. La aeronave estaba al mando de 3 tripulantes de vuelo, 12 tripulantes de cabina de pasajeros y otros 249 pasajeros.

El vuelo transcurrió con total normalidad hasta la fase de aproximación final al aeropuerto de destino. Durante los segundos previos al toque de la aeronave con la pista, el primer oficial accionó involuntariamente el mando de empuje de aproximación frustrada o de emergencia "TOGA" (*Takeoff / Go arround*); ello produjo que las palancas de control de empuje de ambos motores fueran a la posición de máxima potencia. Al activarse el sistema de TOGA el piloto automático asumió el control de la aeronave con el objetivo de generar un ascenso rápido y controlado; por lo que rápidamente se incrementó el ángulo de ataque para obtener el mejor rango de trepada. Al mismo tiempo, la tripulación trató de corregir la situación reduciendo el empuje de los motores manualmente.

La corrección de empuje de la tripulación, sumado al gran incremento del ángulo de ataque de la aeronave y la disminución de la velocidad, generaron una inmediata situación de entrada en pérdida de sustentación. Al tener una altura insuficiente para recuperar esa condición crítica, el A300 impactó el terreno, provocando la destrucción de la aeronave; sólo hubo diez sobrevivientes de este accidente.

Durante la primera etapa de la década de los años 90′ se produjeron una serie de incidentes con el A300-600R vinculados con la automatización del sistema de empuje. El fabricante del avión emitió un comunicado técnico (Boletín de Servicio) acerca del piloto automático y el dispositivo TOGA, señalando que desde septiembre de 1993 estaba disponible una actualización. Asimismo, Airbus hizo hincapié en que el avión accidentado estaba programado para recibir la actualización. Sin embargo, la aeronave no había recibido la actualización en el momento del accidente porque "*China Airlines no pensaba que esas modificaciones eran de urgencia*". En este suceso, puede verse como un simple error de la tripulación generó una catástrofe. El error en la manipulación de los mandos de motor se vio afectado de modo exponencialmente crítico debido a que no existía una defensa tecnológica que pudiera contener y mitigar esta acción de parte de la tripulación.

El error y las violaciones, en las operaciones

Más allá de lo que se ha mencionado con respecto al error, es interesante considerar lo que expresa la OACI en su documento 9859 AN/474 "Manual de Gestión de la Seguridad Operacional" relacionado al concepto y diferenciación del error y la violación.

El doc. 9859 expone que la mayoría de las violaciones son el resultado de procedimientos deficientes. Es decir, se trata de acciones que, si bien tienen una "buena intención", se tornan en acciones u omisiones que infringen una norma, una secuencialidad de procesos, limitaciones, etc. con consecuencias adversas para la seguridad y prosecución de las operaciones. Según entiende ese Manual de Gestión de la Seguridad basado en estudios y estadísticas, las violaciones vinculadas a las operaciones aéreas.

Para una mejor comprensión y abordaje del tema, es necesario establecer una catalogación y agrupar los distintos tipos de violaciones, con el objetivo de poder establecer medidas y planes de mitigación. Con ese fin, a continuación, se expone una categorización general vinculada directamente a las operaciones aéreas:

- Violaciones de situación: son aquellas que ocurren debido a los factores particulares que pueden presentarse en un momento dado, por ejemplo: presiones para la realización de la operación, adversidades meteorológicas, elevada carga laboral, entre otras. En estas situaciones, a pesar de que los individuos tienen conciencia de estar infringiendo una norma o proceso, prima el cumplimiento del objetivo por sobre el contexto normativo. Es decir, la desviación de la norma es un acto consiente y necesario para la concreción de la misión u objetivo. En general, el operador de primera línea que comete este tipo de violación asume que su acción no conlleva a resultados adversos; sino que, por el contrario, estima que logrará el objetivo inicial con seguridad.

- Violaciones de rutina: son aquellas que se considera que han excedido la "forma normal de actuar" dentro de un grupo de trabajo. Habitualmente, este tipo de violaciones se presentan cuando un grupo de trabajo tiene dificultades en el apego a los procedimientos para realizar las tareas. El origen de esas desviaciones suele tener vínculo con deficiencias en el diseño de las interfaces humano – tecnológicas (ver Modelo Shell). Al encontrar interferencias en la ejecución de los procedimientos, los individuos tienden a generar una deriva práctica que propicie la mejor realización de las tareas. Cuando esta situación se repite en una organización, puede definirse como "normalización de la desviación", esta es la instancia en la que la violación pasa a ser la norma. Al igual que en el caso de las violaciones de situación, en todo momento, los individuos parte del sistema, incurren en ellas con el objetivo de realizar su tarea de modo eficaz y con seguridad.

- Violaciones inducidas por la organización: puede considerarse que este tipo de violaciones son una extensión o continuidad de las violaciones de rutina. Existe una delgada frontera entre ambas, podría decirse que las violaciones inducidas por la organización demuestran deficiencias graves en el sistema, donde cada una de las desviaciones no ha sido identificada, o bien no se ejecutaron medidas de mitigación al respecto. Una vez más, este tipo de violaciones no tienen por objeto causar un daño, sino por el contrario, son llevadas a cabo con el objetivo de cumplir la tarea u operación de modo eficiente.

Las violaciones que tienen como propósito causar un daño, interferencia o buscan un propósito distinto al de la organización, son punibles o plausibles de sanciones tanto a nivel organizacional, como legal, según la magnitud, consecuencias y características. El resto de las violaciones descriptas en los párrafos anteriores pueden plantearse y tratarse en paralelo al análisis de los errores y omisiones dentro de la organización.

Es decir, la detección de violaciones vinculadas con al incremento de la deriva práctica de la seguridad es una deficiencia organizacional que debería ser tratada a través de las técnicas SMS de identificación del peligro, evaluación de los riesgos inherentes y la posterior emisión de medidas de mitigación al respecto. A continuación, se expone un breve ejemplo donde puede individualizarse de modo sencillo una violación con génesis organizacional, una cadena de errores y violaciones vinculadas a la ilegalidad. En la siguiente tabla se identifican los procesos:

Ejemplos de errores y violaciones

Se considera la misma situación de vuelo, a bordo de la misma aeronave y con el mismo nivel de capacidades y entrenamiento de la tripulación al mando.			
Situación ideal	Error / omisión	Violación de rutina	Violación legal
Aproximación ILS estabilizada desde los 1000 pies.	Exceso de velocidad en la aproximación ILS por falencias en la supervisión del PNF.	Exceso de velocidad en la aproximación ILS, debido a una normalización (desviada) del operador.	Exceso de velocidad en la aproximación ILS desestabilzada por "apuro" en el aterrizaje, por intereses propios de la tripulación.
Llevar a cabo una *walkarround* de modo normal por parte del copiloto.	Omisión de la inspección de uno de los tubos pitots durante la *walkarround.*	No observar detenidamente la entrada de los pitots, ya que la compañía deriva esa tarea en el personal de mantenimiento que prepara la aeronave para el vuelo.	No observar la entrada del tubo pitot deliberadamente para concluir la *walkarround* más rápido.
Luego de un vuelo y ante la ocurrencia de una novedad técnica, la tripulación registra en el RTV para que mantenimiento solucione la novedad.	La tripulación anota la novedad en el RTV con falta de información y detalles.	Ante la novedad surgida, la tripulación no anota la novedad, ya que la política de la empresa es no dejar asentado en los RTV y transmitir las novedades de modo verbal al personal de mantenimiento.	Ante la novedad en vuelo, la tripulación no la anota en el RTV, debido a que la falla en vuelo fue producto de un error de operación.

Si bien las violaciones que puedan vincularse a lo normativo/legal deberán tener un tratamiento e investigación especial, donde, muchas veces, se concluya en una acción punitiva; las violaciones de situación, rutina e inducidas por la organización pueden ser tratadas a través de los procesos de gestión de la seguridad operacional (SMS) hasta incluso a través de una política organizacional de cultura justa.

El modelo SHELL de factores humanos

Si bien en el siglo XXI la industria cuenta con una gran cantidad de herramientas de análisis y fortalecimiento del factor humano, es valioso volver a destacar la importancia y vigencia de modelo SHELL en la gestión de la seguridad. Al contarse en la actualidad con tantos métodos y herramientas, siempre es útil valerse de más de una herramienta en el análisis o gestión de la seguridad.

El modelo SHELL es un desarrollo logrado por psicólogo americano E. Edwards en 1972 y re postulado a través de la incorporación del "elemento humano" en 1975 por el psicólogo F. Hawkins. El primer factor destacable de este modelo es que el error humano no es exclusivamente responsabilidad de un individuo, sino que es el resultado de una interacción entre procesos, medioambiente e interrelaciones.

La formulación de cuatro conjuntos fundamentales de factores contribuyentes al error, fue constituida a través de este grafico del modelo:

Donde la L central representa al elemento humano (*liveware*), como centro fundamental del desarrollo de todas las acciones, inacciones, decisiones, omisiones, etc. Por su parte, la H (hardware) representa todos los aspectos técnicos y tecnológicos, la S (software) es la expresión de los procesos o arquitectura de los sistemas de interacción humana, E (*environment*) es el medioambiente de desarrollo de las actividades y la S (*liveware*) inferior representa al individuo particular de acción. La condición de trabajo seguro se presenta a través del "equilibrio" entre los cuatro conjuntos.

Para poder extrapolar la teoría psicológica a lo diario de la operación de aeronaves, debe interpretarse el sistema parte por parte. Veamos un ejemplo de aplicación:

Par de interacción L-H:

- Utilización y aplicación de equipos, sistemas, documentación o elementos necesarios en las operaciones.
- Utilización impropia de los sistemas de a bordo.
- Inicio de la operación con sistemas o dispositivos fuera de servicio (decisión NO-GO).

Par de interacción L-S:

- Interrelación del personal con los sistemas lógicos y los procedimientos organizacionales.
- Documentación operativa (AFM, AOM, FCOM, etc.) desactualizada o incompleta
- Directivas o comunicaciones internas de la organización confusas o con información faltante.
- Deficiencias en los sistemas informáticos de información, control, procesamiento y aseguramiento de la calidad de la organización

Par de interacción L-E:

- Interrelación del medio humano con el ambiente laboral.
- Carencias ergonómicas en el medioambiente de cabina.

- Exceso de carga laboral (vuelos de largo alcance), que pueda inducir a fatiga operacional de las tripulaciones.
- Presiones gremiales, patronales, políticas, sociales intra o extra organizacionales. Premura en el inicio de las operaciones. También puede entenderse como presión en la realización del vuelo, por más que no estén dadas todas las condiciones de seguridad necesarias.
- Capacitación técnica incompleta o deficiente. Subestimación de la capacitación.
- Carencias en la capacitación vinculada con performances humanas.

Par de interacción L-L:

- Interacción entre los seres humanos.
- Falencias en la comunicación entre los distintos niveles de conducción, gestión, ejecución y supervisión de las tareas.
- Falencias en la utilización del idioma (ej. interacción entre inglés y lengua nativa del operador).
- Falta de entrenamiento CRM en las tripulaciones.

El modelo de James Reason

James Reason es psicólogo y profesor de la Universidad de Manchester, es autor de publicaciones tales como "*El error humano*", "*La gestión de los grandes riesgos*" y "*La contribución humana*", entre otros notables trabajos en la materia.

En 1990 postuló la teoría conocida como "teoría del queso suizo", en ella planteó un análisis de los accidentes, a través de la comprensión de la interacción compleja de eventos y circunstancias, fallos activos y defensas de seguridad del sistema.

La estructura del modelo está compuesta por cinco bloques básicos (ver la siguiente figura), expansibles a un mayor número de acuerdo a la complejidad del caso, industria o estudio. Para una mejor comprensión, se puede plantear una estructura general aplicable a una investigación de accidentes, deficiencias en la gestión de cabina, etc., a través de la identificación de los bloques como:

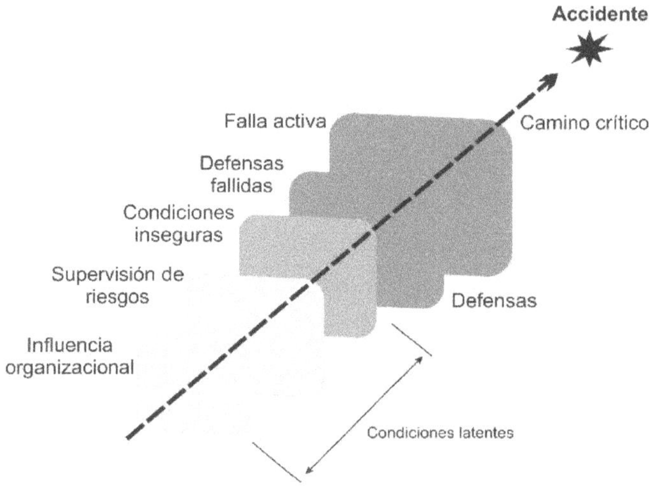

La teoría plantea la preexistencia de fallos (fallas latentes) en todas las instancias, que al producirse una combinación crítica provocan una falla activa o materialización del riesgo latente. Para ello, Reason entiende que los sistemas deben poseer una serie de barreras o defensas que puedan evitar que la falla activa que se materializó, sea de una dimensión tal que provoque una falla catastrófica o un accidente.

Es decir, un accidente (incluye incidente o deficiencias de seguridad en vuelo) es el producto de la sinergia de condiciones latentes, materializadas en una o más fallas activas, que las defensas del sistema no han podido ser capaces de neutralizar.

Según James Reason, el manejo del error humano tiene ocho aspectos fundamentales (*ref. Managing the risk of organizational accidents, Ed. Ashgate 1999*).

1. En ocasiones, las personas más preparadas, cometen los peores errores.
2. Algunos estados mentales de muy breve duración (distracciones, desatención, olvidos, entre otros) conforman el aspecto menos tratable de la secuencia del error.
3. No se puede cambiar la condición humana, las personas siempre cometerán errores. Sin embargo se puede modificar el medioambiente que propicia la concreción de fallas latentes en activas.
4. Culpar a la gente por sus errores tendrá poco o ningún efecto sobre la falibilidad.
5. La gran mayoría de los errores que se comenten, no son intencionales.
6. Muchos errores surgen desde problemas de información y comunicación.
7. Las violaciones suelen tener motivaciones sociales o extra organizacionales.
8. Las violaciones conllevan a errores posteriores de distinto índice de consecuencia.

De acuerdo al presente modelo, para que suceda un accidente, las fallas activas atraviesan en profundidad las defensas por el camino que generan las condiciones latentes. Se considera que cuando sucede el accidente, es porque se atravesó la totalidad de las barreras de seguridad del sistema. En el modelo, las defensas de una organización contra el fracaso se modelan como una serie de barreras, representadas como rebanadas de queso.

Los agujeros en las rebanadas representan debilidades en partes individuales del sistema y están variando continuamente en tamaño y posición a través de los cortes. Las debilidades mencionadas pueden ser defensas fallidas, inexistentes, degradadas o temporales. El sistema produce fallos cuando un agujero en cada rebanada se alinea momentáneamente, lo que permite (en las palabras de Reason) "una trayectoria de oportunidad de accidente", de manera que un peligro pasa a través de los agujeros en todas las rebanadas, lo que conduce a un fallo.

PELIGRO

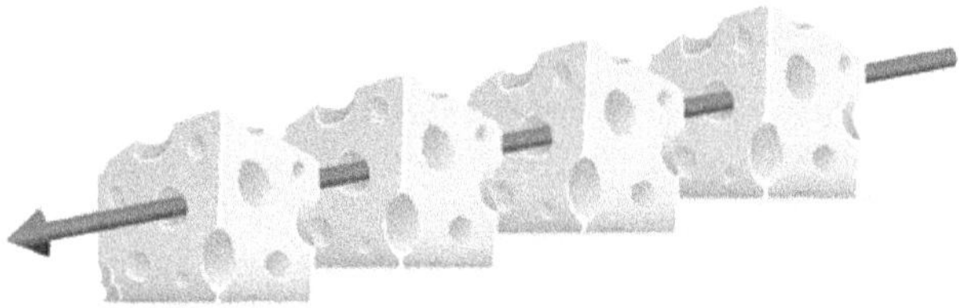

ACCIDENTE

Por el contrario, cuando uno de esos agujeros de una de las rebanadas no se alinea en el momento justo, la rebanada funciona como una defensa del sistema ante el error. Esta "acción" discontinúa la trayectoria hacia el accidente.

BARRERA **PELIGRO**

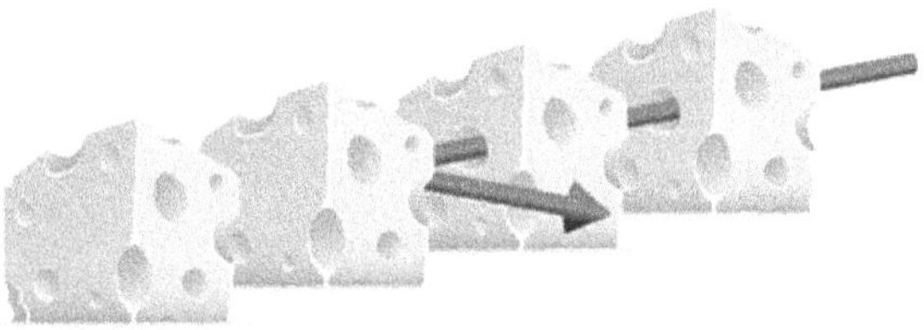

ACCIDENTE **ERROR**

El modelo del queso suizo incluye tanto las fallas activas como las fallas latentes o condiciones pre-existentes. Las fallas activas abarcan los actos inseguros que pueden estar directamente vinculadas a un accidente, como por ejemplo (en el caso de los accidentes de aviación) errores del piloto. Las condiciones subyacentes incluyen factores contributivos que pueden permanecer en estado latente durante días, semanas o meses hasta que contribuyen al accidente. Las fallas latentes abarcan los tres primeros dominios del fracaso en el modelo de Reason. Las fallas activas son acciones u omisiones, incluyendo errores y violaciones, que tienen consecuencias adversas inmediatas. En general y en retrospectiva se les considera actos inseguros. Las fallas activas se relacionan generalmente con el personal de primera línea (pilotos, controladores de tránsito aéreo, mecánicos de mantenimiento de aeronaves, etc.) y pueden resultar en consecuencias perjudiciales.

Las fallas latentes solo pueden llegar a ser evidentes una vez que se han quebrado las defensas del sistema. Estas condiciones son creadas generalmente por personas que están muy lejos, en tiempo y espacio, del accidente; es decir, son cuestiones inherentes al propio sistema más que a un individuo generalmente. El personal que ejecuta las operaciones hereda condiciones latentes del sistema, como las creadas por un diseño deficiente del equipo o de las tareas; objetivos incompatibles (p. ej., servicio a tiempo o bien seguridad operacional); defectos de organización (p. ej., comunicaciones internas deficientes); o malas decisiones de la administración.

Conceptos de seguridad en la cabina de vuelo

La construcción de la seguridad desde la cabina de vuelo es un proceso complejo que requiere una sinergia positiva de la tripulación, capacitación, entrenamiento, disponibilidad tecnológica... en definitiva: trabajo confiable en equipo. En forma de enunciado, parece sencillo y de ejecución lógica; sin embargo, existen una gran cantidad de amenazas para que esta premisa se haga realidad en cada vuelo. Lamentablemente, las vemos materializadas en la gran mayoría de los accidentes e incidentes.

Para una mejor comprensión de la complejidad de los procesos que se desarrollan en la cabina de vuelo de una aeronave, es necesario considerar algunos aspectos de la interacción de la tripulación, que son fundamentales en la seguridad del vuelo. A continuación, se desarrollan algunos conceptos que, si bien ya han sido abordados en la colección, es conveniente refrescarlos y vincularlos a hechos reales, para tomar real conciencia de su importancia.

Conciencia situacional

La conciencia situacional, en adelante CS, se define como "*La percepción correcta y continua tanto de las variables del vuelo como de uno mismo*". También puede definirse como una representación mental y comprensión de los objetos, eventos, individuos, estado del contexto operacional, interacciones, como cualquier otro tipo de factor del medioambiente de desempeño, que pueda afectar el desarrollo de las tareas. Un concepto básico para la toma de decisiones como para el rendimiento general del mismo piloto. La verdadera CS incluye algo más que el mero permanecer alerta a diferentes estímulos aislados. La CS, también requiere un nivel de entendimiento y comprensión de esos estímulos y una proyección de la situación en un futuro inmediato.

A través del análisis del siguiente gráfico, puede apreciarse que la CS parte de un estado general o global, pasando por tres niveles antes de tomar una decisión previa a la acción:

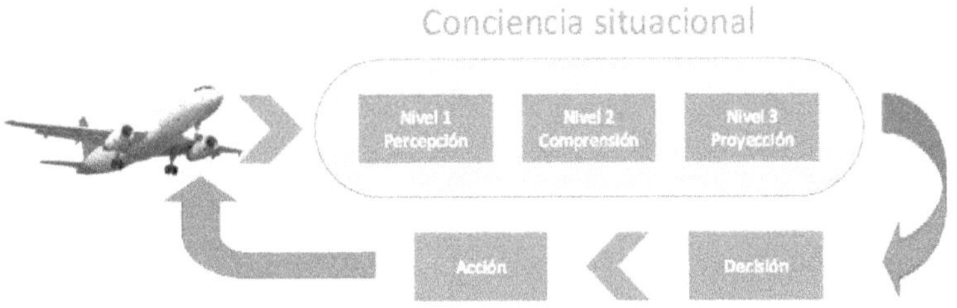

Nivel 1: desarrolla la percepción de los elementos que abarcan el contexto del vuelo, ya sean elementos específicos como lo son el avión, el clima, el aeródromo,

o bien elementos emocionales, los cuales son un poco más complejo de percibir en una situación de vuelo, como ser: fatiga, expectativas, presiones laborales.

Nivel 2: en esta etapa la CS trata de hace una síntesis de todos los elementos percibidos en el nivel 1, dándoles un sentido lógico que permita un avance al nivel 3.

Nivel 3: por último y previo a la toma de decisión, se encuentra la proyección de lo que pueda suceder en el futuro inmediato. Esta etapa suele ser la más crítica, ya que en un contexto de vuelo donde el avión se desplaza a una velocidad elevada, hace que el tiempo de proyección sea cada vez más escaso, lo que requerirá tomar una decisión rápida y precisa.

Toma de decisiones en la cabina de vuelo

La toma de decisiones es el proceso mediante el cual se realiza una elección entre las opciones o formas para resolver diferentes situaciones de la vida en diferentes contextos: a nivel laboral, familiar, personal o sentimental. En otros términos se define como "*un proceso de definición de problemas, recopilación de datos, generación de alternativas y selección de un curso de acción*".

La toma de decisiones es un proceso complejo, no solo es el acto de escoger entre opciones. Incluso en algo tan sencillo como decidir dónde comer, uno hace más que escoger entre hamburguesas o pizza. Es cierto que uno no pasa mucho tiempo tomando una decisión sobre la comida, pero de cualquier manera se pasa por el proceso al elegir.

¿En qué consiste el proceso de tomar decisiones?

El proceso, comienza por definir el problema o situación a resolver, encontrando el nivel de gravedad adecuada. Cabe destacar que una errónea identificación de un problema, llevaría a un erróneo desarrollo de proceso de toma de decisión en todas sus fases, por basarse éstas, en información equivocada.

Una vez definido el problema, se busca un análisis del mismo, evaluando el impacto que podría tener en un futuro cercado si no se toman acciones correctivas.

Luego del análisis del problema, se evalúan las posibles alternativas en base al criterio de operación de la tripulación, quienes para elegir una de las opciones, evaluarán detalladamente cada alternativa con sus ventajas y desventajas, teniendo en cuenta el estado actual del problema a resolver.

Con las alternativas ya evaluadas, la tripulación se decide por la que ellos creen más adecuada según sus posibilidades técnicas y emocionales.

Por último, llevamos a cabo la acción elegida. Este es el punto donde ya no hay retorno. Una vez tomada la decisión, debemos continuar con la misma, confiando en todo el análisis previo y omitir todas las posibles dudas que puedan surgir.

Ante situaciones extremas, nuestra mente nos juega una mala pasada, poniendo en duda lo que nosotros mismos llegamos a razonar.

Veamos este tema con un ejemplo más aeronáutico para lograr entender en puede afectarnos o favorecernos este proceso. Imaginemos el siguiente escenario:

Nos encontramos volando a una altitud de 5000 ft y en la etapa de vuelo crucero. Estamos próximos a llegar a nuestro ETP (*equal time point*), para los que no lo conocen es el punto justo de nuestra navegación donde nos tomaría el mismo tiempo llegar al destino o volver al aeródromo de salida. Todo marcha según lo planeado y repentinamente, luego de un fuerte ruido, se detiene el motor derecho de nuestra aeronave.

Enumerando cada paso del proceso de toma de decisión, veamos qué sucedería en este caso en particular:

1) Definir el Problema: aquí el problema no es solo la falla del motor derecho, sino también las futuras variables operacionales que pueden presentarse ante la falta de empuje de uno de los motores. Por tal razón, podríamos definir el problema como "Perdida de potencia y posibles inconvenientes para operar los sistemas del avión".

2) Analizar el Problema: intentar descubrir la causa de la pérdida de potencia que sufrimos al detenerse el avión. ¿Se produjo una falla en la alimentación de combustible? ¿Hubo una falla en algún componente mecánico? ¿Se presentó un fallo de operación por parte de la tripulación? ¿Hubo factores externos (ingesta de aves o condiciones meteorológicas de formación de hielo)? ¿Cuál es la correcta acción o decisión? ¿Cuál descartamos? ¿Es una sola causa o pueden ser varias? Respuestas y las respuestas que nos aclaren un poco el panorama de lo que está sucediendo. En este ejemplo, supongamos que, todos los parámetros del motor estaban correctos y no existieron factores externos ni error de la tripulación. También supongamos que la novedad se presentó debido a una falla de la alimentación de combustible, ya que al observar los indicadores, notamos que el indicador derecho está vacío, y al mirar por la ventana alcanzamos a ver una pérdida de combustible sobre el plano o ala derecha. Por tal motivo, es que asumimos que el motor funciona perfectamente pero el avión está sufriendo una pérdida de combustible, lo cual hizo detener el motor.

3) Evaluar las Alternativas: al intentar evaluar las alternativas, debemos tener en cuenta todos los factores que puedan afectar a cada una de ellas. Podríamos intentar encender el motor con una alimentación cruzada de combustible, aunque desconocemos de donde proviene la perdida de combustible y existe la posibilidad de que al transferir el mismo desde el otro tanque, la perdida continúe y sigamos derramando combustible. Podemos descender en el aeródromo más próximo de nuestra ruta, considerando que las condiciones meteorológicas son aceptables. Podemos continuar con el vuelo y sus correspondientes restricciones por tener un motor detenido y analizar la posibilidad de volver al aeródromo de origen ya que aún no pasamos el ETP. Podemos intentar hacer varias de las opciones al mismo tiempo.

4) Elegir la Alternativa: para este caso en particular vamos a descartar el intento de encendido con alimentación cruzada, ya que como mencionamos, no sabemos dónde está ubicada la pérdida de combustible; e intentar pasar combustible de un motor a otro sería de extremo riesgo ya que podríamos tirar el único combustible que nos queda para aterrizar. Continuar el vuelo normalmente con sus respectivas restricciones no sería una opción a descartar, ya que existen procedimientos para tal fin. Pero en este caso, optaremos por la opción más conservadora y buscaremos el aeródromo más cercano para realizar una aproximación con un solo motor y aterrizar lo antes posible.

5) Aplicar la Decisión: con la decisión aterrizar de inmediato, seguimos los pasos para asegurar una aproximación segura. Por lo tanto, buscamos el aeródromo más apto en cuanto a distancia e instalaciones del lugar. No siempre el mejor aeródromo es el más cercano, puede darse el caso donde tengamos que elegir entre dos aeródromos, uno ubicado a 5 minutos, con pista de césped, sin control de tránsito ni asistencia y retirado de la ciudad; y el otro, ubicado a 15 minutos, dos pistas asfaltadas, control de tránsito aéreo, servicios de asistencia médica y bomberos. Durante estos dos casos en particular, esos 10 minutos de diferencia, pueden propiciar una difícil decisión. Ambas opciones pueden servir, pero considerando que el avión funciona correctamente, que contamos con el suficiente combustible y que no es una emergencia médica, la opción más aceptable en este caso, será volar 15 minutos hasta el aeródromo con mayor cantidad de servicios.

Existen situaciones en las que tomar una decisión puede resultar tan complejo y peligroso que, la mente del ser humano tiende a perder lentamente la razón y optar por el aeródromo más cercano por temor a quedarse sin combustible.

Las únicas herramientas que tenemos a nuestro alcance son los procedimientos y cálculos ya establecidos en el manual, donde el fabricante ha detallado, el consumo con uno o ambos motores, el perfil de descenso óptimo, el rango del planeo sin potencia. Todos ellos son cálculos y procedimientos desarrollados y analizados para situaciones donde se requiere ayuda externa en la toma de decisión en todas sus fases, por basarse éstas, en información equivocada.

Una vez definido el problema, se busca un análisis del mismo, donde se evalúa el impacto que podría tener en un futuro cercano la elección de una acción incorrecta. Luego del análisis del problema, se evalúan las posibles alternativas en base al criterio de operación de la tripulación, quienes para elegir una de las opciones, valorarán detalladamente cada alternativa con sus ventajas y desventajas, teniendo en cuenta el estado actual del problema a resolver. Una vez que fueron evaluadas las alternativas, la tripulación decide por la que ellos creen, más adecuada, según sus posibilidades técnicas y emocionales.

Por último, se lleva a cabo la acción elegida. Este es el punto donde ya no hay retorno, la decisión fue tomada. A partir de este punto, es necesario continuar con la postura adoptada, confiando en todo el análisis previo y omitir todas las posibles dudas que puedan surgir ante situaciones extremas.

Liderazgo y Trabajo en Equipo

Continuando con el tema anterior sobre el proceso de toma de decisiones, nos encontramos que no es tan simple como algunos pueden imaginar. La situación puede volverse compleja cuando existe una tripulación compuesta por más de un piloto, donde ambos podrían tener ideas diferentes e intentar llevarlas a cabo por caminos distintos.

Imaginemos por un momento, una situación donde exista una tripulación compuesta por varias personas, entre pilotos y tripulantes de cabina. Ante un mismo problema, cada uno de ellos, quizás adoptaría un camino diferente al otro, es por esta razón que para que exista un buen desarrollo del CRM, buscamos trabajar en equipo. Al llegar a una conclusión final como equipo, sin dudas, el resultado sería mucho más acertado que intentando resolver la situación de manera individual.

Ahora bien, seguramente se preguntarán ¿Cuál de todas las ideas del equipo será la acertada y quién decidirá que idea tomar? o como haría esa persona para convencer al resto de tomar un camino u otro? Es aquí donde aparece la figura del *"Líder"*.

Pero cuando hablamos de un *"Líder"* ¿A qué figura nos estamos refiriendo? ¿Nos referimos a un organizador, a un motivador, a jefe, a un conductor o coordinador?... Por más que parezca difícil de creer, cuando hablamos de un líder, estamos haciendo referencia a todas esas posibles definiciones o características de una persona.

De las cientos de definiciones que podemos encontrar sobre la figura de un líder, la más acertada para nuestro fin es la siguiente:

"Líder es aquella persona que es capaz de influir en los demás de manera positiva, contribuyendo al bienestar de un grupo"

El liderazgo no tiene que ver con la posición jerárquica que se ocupa. Una persona puede ser el jefe de un grupo y no ser su líder y, al contrario, puede ser el líder sin ser el jefe. El líder, sin disponer necesariamente de esta autoridad jerárquica, tiene también capacidad de decidir la actuación del grupo en base a la influencia que ejerce, que viene determinada por la "autoridad moral" que ejerce sobre el resto del equipo. A los miembros del grupo les inspira confianza saber que al frente del mismo se encuentra el líder. Pero la gran pregunta siempre es:

¿El líder se hace o se nace?

Es una pregunta que surge siempre que se aborda el tema del liderazgo. La opinión generalizada es que hay líderes que nacen con capacidades innatas y hay otros que se van formando en su desarrollo profesional. Las habilidades innatas favorecen el desarrollo del líder, pero a veces resulta más determinante la formación que uno va adquiriendo y la experiencia que va acumulando. Hay técnicas de liderazgo, de toma de decisiones, de conducción de equipos, de motivación, de comunicación, etc. que el líder tiene que conocer y dominar. Existen varios tipos de liderazgos, y suelen estar dados por el ámbito de aplicación al que se les adjudica la figura de líder. Pero centrándonos en la figura del líder dentro del contexto aeronáutico, podemos quedaros con los siguientes dos tipos de liderazgos:

- ***Líder Emprendedor***
-

Este tiene un carácter más participativo dentro del grupo, por lo que en cada toma de decisiones, éste pide consejos de los demás integrantes para así tomar la decisión más acertada, aunque esto no significa que sea un líder más débil sino que unifica la formación del grupo incluyendo a sus integrantes en un mismo escalón. Estos líderes son los mejores para grupos pequeños, que para los grandes; esto habitualmente se genera debido a su escasa eficacia en estos últimos.

- ***Líder Proactivo***

Este es un líder más atento y que se preocupa por todo el grupo. Siempre quiere el bien de todos los integrantes del grupo. La tarea más importante de este tipo de líder no es la de dar órdenes, sino la de

mantener al grupo unido. Este tipo de líderes son utilizados cuando la diversidad del grupo facilita la disolución del mismo, siendo necesaria la intervención del líder.

Si bien existen varios tipos más de liderazgos, todos comparten la misma esencia, la habilidad de liderar al grupo de manera positiva para alcanzar las metas. Y entendiendo este concepto, vale volver a mencionar y dejar bien en claro que un LIDER no es necesariamente un JEFE.

¿Cuál creen ustedes que es el LIDER y cual el JEFE en esta imagen?

Siempre encontraremos la respuesta sabiendo que "Un Líder Conduce" y "Un Jefe Ordena".

El Estrés en la Aviación

Partamos de la premisa que la vida sin estrés es imposible. La falta absoluta de estrés es equivalente a la muerte. Pero dentro de una amplia gama de estrés existe el denominado *"Distres"*, que es al cual nos referimos habitualmente y se trata de un estado en el cual, es estrés o tensión emocional se pone de manifiesto, haciéndose evidente en síntomas. Ese estrés, en un contexto aeronáutico puede tener consecuencias muy severas, ya que deteriora la Conciencia Situacional y las habilidades de la tripulación hasta pasar los límites compatibles con la seguridad aérea. Veamos en el siguiente gráfico, como se relacionan ese deterioro de las capacidades con la performance profesional y personal de cada tripulante.

Como vemos en el gráfico anterior, la fatiga llega inmediatamente luego de superada la barrera de la zona de comodidad, y es por esta razón, es que la fatiga suele detectarse tarde, sin dejar posibilidad de prevención. Teniendo en cuenta este concepto, es que siempre se recomienda apegarse a los procedimientos y a las regulaciones que tratan el tema de los descansos reglamentarios. De hacer caso omiso de la fatiga, llega el deterioro de las capacidades e incrementando el estrés, tal como vemos en el gráfico, a mayor incremento de estrés, menor es el rendimiento, y a medida que avanzamos en los niveles de estrés, nos acercamos cada vez más a un posible colapso. El colapso del que se habla, se conoce en la industria como condicionamiento del desempeño operacional.

Está de más mencionar cuales serían las consecuencias para la seguridad aérea, si la tripulación llegase a un colapso. De todos modos, vamos a mencionarlo para dejarlo bien en claro.

Cuando hablamos de una tripulación, nos referimos a un equipo mínimo de personas que se requiere para operar una aeronave. Si uno de sus miembros se ve afectado por una incapacitación súbita, no solo se vería afectado el número de tripulantes requeridos sino también, podría llevar a la aeronave a un siniestro, ya que cada integrante de ese equipo posee cualidades particulares y desarrolla una determinada tarea, que usualmente otro tripulante no estaría capacitado para realizar.

Si pensamos en una tripulación de dos pilotos en un avión multi-motor ligero, la condición no sería diferente. Si bien ambos pilotos están capacitados para operar el avión, cada uno de ellos realiza una tarea coordinada con su par, y ambas tareas de ambos pilotos trabajando en conjunto, hacen que la aeronave realice el procedimiento deseado. Sería sumamente complejo (no imposible) para un piloto, operar el avión con algún tipo de avería, leer las listas de chequeo, comunicarse con el control de tránsito aéreo, planificar la aproximación y llevar a cabo todos los procedimientos que requiere un avión de características complejas.

Sin dudas son muchos los factores que activan los procesos del estrés en el ser humano, pero nosotros como "líderes" tenemos la difícil tarea de aprender a reconocer nuestros propios límites, sin intentar sobrepasarlos ni intentar aprender a manejarlos. Solo debemos aprender a respetarlos porque ahí están y nos acompañaran el resto de nuestras vidas como profesionales y como seres humanos.

El Concepto del CRM

El CRM está diseñado para detener la progresión de una cadena de errores operacionales. Según lo han expresado varios autores y especialistas en factores humanos en la aviación, el CRM es una de las mejores defensas que se han desarrollado como contención en los causales vinculados a errores de pilotaje (como falla activa) en accidentes de aviación. Este conjunto de defensas operacionales persigue la utilización efectiva de todos los recursos disponibles, con el objetivo de conseguir una operación de vuelo eficiente y segura. Tal como lo expresara el especialista en factores humanos de los Estados Unidos Bob Helmerich, el CRM puede comprenderse como un "*...entrenamiento en el comportamiento para reconocer amenazas a la seguridad, evitar errores y administrar los errores cometidos...*".

Primera generación

El 28 de diciembre de 1981 la Empresa United Airlines implementó el primer programa CRM en la aviación comercial. Aquel programa pionero fue desarrollado con en base a un estudio y desarrollo de dos psicólogos de los Estados Unidos, formulado en 1964. Así fue como el trabajo que realizaron Robert Blake y Jane Mouton formulado en base a cinco tipos de combinaciones de liderazgo, se tradujo en una herramienta o defensa para la industria aeronáutica.

De ese modo se implantó el primer concepto de *Cockpit Resourse Management – CRM* Gestión de los recursos de cabina. Los primeros programas implementados por los operadores apuntaban a propiciar cambios en los "estilos" o hábitos individuales; como así también, en la adaptación de comportamientos a las necesidades operacionales. Básicamente, esta primera generación de CRM buscaba compatibilizar las tripulaciones para la función operacional, reducir las conductas autoritarias, entre otras.

Segunda generación

La segunda fase evolutiva fue un quiebre en la concepción general, si bien el acrónimo del concepto continuó siendo CRM, algo cambió en su esencia. La "C" de "Cockpit" en esta fase pasó a ser "C" de "Crew". Puede parecer un cambio semántico, pero no lo fue.

Esta segunda etapa evolutiva centró su atención en la gestión y mejora directa de la interrelación humana en el contexto operacional. No solo se contemplaban determinados patrones de conducta, sino que se incluyeron los criterios y procesos en la toma de decisiones, entre otros aspectos de importancia para la seguridad.

Como hitos de la segunda generación del CRM, deben marcarse los siguientes conceptos destacados:

- Noción de la conciencia situacional.
- Estilos de liderazgo.
- Comunicación efectiva y asertiva en la cabina de vuelo.
- Roles en las tomas de decisión.

A partir de la segunda generación, el concepto de entrenamiento en CRM fue difundido en la gran mayoría de los operadores aéreos. Esta implementación permitió también realizar un proceso de validación "en servicio" de los conceptos; hecho que, indudablemente propició al advenimiento de una tercera generación. Este proceso de validación se vio favorecido ya que cada una de las empresas comenzó a mejorar sus indicadores de seguridad y, por ende, se generó una retroalimentación con una masividad creciente.

Tercera generación

En esta tercera instancia evolutiva, se abrieron necesariamente los conceptos de entrenamiento al resto de los actores del sistema aeronáutico: despacho operacional, control del tránsito aéreo y aeronavegabilidad. Por ejemplo, en el área técnica comenzaron a desarrollarse los programas MRM "*Maintenance Resourse Management*".

Entre los cambios más significativos, pueden mencionarse los siguientes:

- Entrenamientos conjuntos en simulador de vuelo.
- Entrenamiento en escenarios más realistas.
- Desarrollo de los programas "Entrenamiento en simulador orientado a la misión (MOST)", aplicado a las operaciones aéreas en el ámbito de las fuerzas armadas.

Cuarta generación

La cuarta generación podría decirse que se trató de una imposición regulatoria. Esta nueva fase fue impuesta la por Administración Federal de Aviación de los EE. UU., a través de la incorporación del Programa de Recertificación de Pilotos de Líneas Aéreas (FAA, *Advanced Qualification Program* –AQP–), que incorporaba los criterios de CRM para todas las operaciones. Una de las particularidades más destacadas de este programa fue que se facultaba a los operadores aéreos para desarrollar contenidos especiales, de acuerdo con las especificidades de sus operaciones, rutas, destinos, flota, etc.

Como contrapartida de la flexibilización de currícula y contenidos, se obligó a los operadores a desarrollar programas con entrenamiento inicial y recurrente en CRM.

Quinta generación

Esta quinta generación tomó como base los planteos y pensamientos expuestos por el psicólogo y especialista en industrias de alto riesgo James Reason. El CRM ya contempla los conceptos de falla activa, condiciones latentes y defensas de los distintos sistemas. Es decir, de la primogénita cadena de errores, con un pensamiento o fundamento lineal "causa raíz" como base de la problemática, evolucionó a comprender la situación donde existen precursores sistémicos latentes en el sistema que se materializan a través de fallas activas... la contención de lo mencionado se encuentra en las defensas o barreras que haya desarrollado el sistema ante la identificación de peligros y posterior evaluación de riesgos.

Conceptos y Fundamentos del CRM

Dejemos de lado, solo por un instante, los casos de estudio para el análisis del factor humano y volvamos a los conceptos teóricos del CRM. Los principios y fundamentos básicos del CRM se encuentran elaborados, en todos los casos, de acuerdo con los siguientes criterios:

- Conocimiento del entorno operacional.
- Siempre contar con un plan que anticipe lo que puede suceder.
- Entrenamiento y capacitación en liderazgo y relaciones inter humanas.
- Gestión y coordinación de las tareas en la operación.
- Administración de los recursos disponibles.
- Comunicación asertiva.
- Monitoreo y comprobación cruzada de los datos y acciones.
- Identificación y gestión del error.
- Evaluación y uso de las ayudas cognitivas.
- Trabajo en equipo.
- Gestión de la atención distributiva.

Entonces, de modo resumido, veamos *qué es* y que *no es* el CRM en la siguiente tabla (adaptación y traducción de la CAP 720, Civil Aviation Authority, Reino Unido "*Flight Crew Training: Cockpit Resourse Management (CRM) and Line-Oriented Flight Training (LOFT)*"):

¿Qué es el CRM?	¿Qué no es el CRM?
Es un sistema integral para la mejora de las performances de las tripulaciones.	No es una solución rápida que pueda implementarse "de la noche para la mañana".
Está dirigido al entrenamiento de todo el personal técnico de vuelo.	No es un plan de capacitación destinado a una sector o área única.
Es un concepto adaptable a todo tipo de tripulaciones, aeronaves y operaciones.	No es independiente del resto del sistema de capacitación y entrenamiento de las tripulaciones.
El CRM se concentra en las actitudes y comportamiento de los miembros de la tripulación y su repercusión en la seguridad.	No es una herramienta que brinde "soluciones mágicas" a los pilotos. No puede resolver situaciones complejas por sí mismo.
El CRM brinda una oportunidad autuevaluativa y comprensiva, respecto con el trabajo en equipo y la seguridad de las operaciones.	No es un proceso de entrenamiento individual o personalizado.
Es una herramienta para la mejora en la toma de decisiones y el trabajo en equipo en la cabina de vuelo.	No es un curso, ni un formato de instrucción donde los alumnos cumplen un rol pasivo de aprendizaje.
El CRM entiende a la tripulación como un equipo único e indivisible de trabajo.	No es un proceso de regulación de los comportamientos en la cabina de vuelo.

Para el desarrollo e implementación de un CRM eficaz es necesario considerar todos los aspectos propios del operador, su contexto operacional, su flota, etc. Tal como lo haría un analista de seguridad para implantar un SMS, el CRM actual requiere del mismo análisis, enfocado principalmente en las operaciones. Para ello, más allá de los conceptos estrictamente relacionados a la propia operación de la aeronave y el desempeño de sus tripulantes, es útil siempre tener en consideración los siguientes aspectos:

- Identificación inequívoca de las necesidades propias de entrenamiento y capacitación del operador.
- Detección de los "gaps" en los procedimientos y documentación operacional.
- Retroalimentación de todos los procesos CRM implementados en la organización.
- Interacción de un responsable o especialista de SMS del operador en el desarrollo del plan CRM, su implementación y recurrencia.
- Fomento constante de los procesos de mejora en la comunicación entre los distintos niveles de la organización vinculados a la operación de la flota.

La evolución del CRM implantado en el operador, trazando un paralelismo con una aeronave de transporte, requiere de un "mantenimiento progresivo" de construcción interna. Para ello y tal como se hace con la gestión de la seguridad, el programa de CRM de una línea aérea deberá realizar evaluaciones recurrentes y progresivas vinculadas con:

- Estado de las relaciones humanas en los grupos de trabajo.
- Estado y progreso de las herramientas de comunicación y cooperación en los grupos de trabajo.
- Estado documental comparado con la realidad de las estructuras formales de la organización, con el objetivo de detectar las desviaciones a las que puedan estar enfrentando los niveles de gestión y los grupos de trabajo (tripulaciones).
- Gestión organizacional de la seguridad.
- Nuevas necesidades de capacitación o nuevas instancias de recurrencia.
- Análisis normativo y documental operacional (autoridad aeronáutica, fabricantes de aeronaves, comunidad aeronáutica, etc.) y detección de diferencias con los procesos vigentes en el operador.

Para una revisión rápida de los conceptos de CRM aplicados a los pilares fundamentales de la gestión de los factores humanos, es conveniente considerar el siguiente resumen:

- Error humano: los errores de las tripulaciones son clasificados como fallos activos en los análisis o investigaciones. Es decir, se entiende que existe un contexto que propició el error u omisión.
- Instrucción en factores humanos: la instrucción en CRM enfatiza los aspectos psicomotrices, la mejora en las habilidades específicas, la influencia de la carga laborar, tiempos de reacción e influencia del medio ambiente.
- Comunicación: enfatiza en el desarrollo de los problemas de comunicación e interacción entre la cabina de vuelo y el control de tránsito aéreo. Programa de reportes anónimos de situaciones inseguras.
- Equipos de trabajo: grupos de trabajo reducidos (tripulación de vuelo) interactuando en un ambiente único, por lo que se enfatiza profundizar en el gerenciamiento de cada una de las tareas y la intercomunicación.
- Conciencia situacional: condiciones medioambientales de rápida variación, entorno dinámico en todo momento. Las situaciones normales se presentan rápidamente como potenciales fallas activas. Entrenamiento orientado a las tripulaciones de líneas aéreas para una mejor adaptación de la conciencia situacional.
- Liderazgo: capacidades de liderazgo divididas en un grupo laboral muy reducido. El CRM capacita y entrena en cuanto a la coordinación supervisada de las tareas. El liderazgo se centra en un "conductor" de un grupo reducido de trabajo, con tareas específicas y direccionadas.

Para hacer referencia al CRM, hay que remontarse a principios de la década del 80, años donde comenzó a tomarse como parte del entrenamiento y capacitación de las tripulaciones. El CRM surgió como una imperiosa necesidad de coordinación de cabina, impulsado en gran medida por dos accidentes catastróficos que marcaron un hito. El primero fue el 28 de diciembre de 1978: un McDonnell Douglas DC-8-61 operado por United Airlines, que, durante la aproximación en emergencia al aeropuerto de Portland, Oregon, sufrió la detención simultánea de sus cuatro motores, debido a la falta de combustible.

La tripulación había centrado toda su atención en una falla que presentó el tren de aterrizaje durante su despliegue, por lo que desatendieron el resto de los parámetros y variables. Esto fue expuesto en el informe realizado por la NTSB de los EE. UU. Ese informe expresa que el accidente se produjo por "*… falla en el capitán durante la supervisión del estado y remanente de combustible, y falencias en el resto de los tripulantes al no advertir el problema y asesorar al capitán sobre el bajo nivel de combustible…*". Como resultado, fallecieron 10 personas de las 189 a bordo, mientras que otras 24 resultaron gravemente heridas, y hubo una pérdida del casco de la aeronave.

El aumento en el consumo de combustible se debió a la demora a la que se vio afectado el vuelo, desde su partida desde Denver. La aeronave partió desde Denver con una autonomía de combustible de 2 horas y 26 minutos, más una hora más de autonomía por contingencias. Al DC-8 le demandó dos horas y veinticuatro minutos el arribo a Denver, sin embargo, existía una demora para el aterrizaje que requirió de una hora y dos minutos. También debe mencionarse que, pocos meses antes del suceso, el DC-8 había recibido una modernización en el sistema de indicación de combustible a bordo y su correspondiente instrumento en cabina.

Con respecto a la situación que se presentó en esa cabina de vuelo es importante mencionar que, todos los integrantes de la tripulación poseían habilitaciones y licencias en regla para operar ese tipo de aeronave. Todos contaban con una gran reputación en la compañía. Entonces ¿Cómo todos estos profesionales altamente calificados, no pudieron supervisar dos variables a la vez? Es importante recordar que las aeronaves como el McDonnell Douglas DC-8 requerían de un ingeniero de vuelo a bordo.

Para responder la pregunta formulada en el párrafo anterior, es necesario realizar otras preguntas... ¿La Empresa tenía instituido un programa CRM? ¿La autoridad aeronáutica requería la instrucción formal en CRM en las líneas aéreas? ¿Las tripulaciones habían recibido instrucciones y capacitación específica sobre el nuevo sistema de indicación de combustible instalado en los DC-8? ¿Los tripulantes contaban con herramientas de gestión, liderazgo, toma de decisiones y coordinación de cabina? Las respuestas a todos estos interrogantes son: no.

Es probable que, si la tripulación hubiese contado con este tipo de capacitación y adiestramiento, pudiera gestionar eficientemente la atención de los tripulantes, realizar una adecuada distribución de las tareas y que ello devenga en una acertada toma de decisiones. Ello no quiere decir que el accidente no hubiese ocurrido, pero si puede afirmarse que aquella tripulación hubiese contado con mayor cantidad de herramientas para intentar evitar el suceso.

El caso más resonante que propició la normalización del CRM

El segundo accidente que sentó precedentes en el análisis y prevención de la seguridad operacional fue el conocido y mediático caso del Fokker F28 matrícula C-FOMF, operado por Air Ontario accidentado en Dryden, Canadá, el 10 de marzo de 1989. Un caso testigo donde la falta de coordinación de cabina, el exceso de autoridad, factores de prisa y demás cuestiones operativas y de desempeño humano ante amenazas latentes se cobraron la vida de todos los ocupantes. Este accidente dejó como "moraleja didáctica y moralizante" un concepto crucial en la investigación y prevención de accidentes: el enfoque sistémico y el estudio de las conductas organizacionales, en todas las esferas inherentes al sistema aeronáutico.

La investigación del suceso fue llevada a cabo por la autoridad canadiense (TSB) y el juez Virgil P. Moshansky. Este último es considerado uno de los precursores de las investigaciones con una visión organizacional de la problemática. En el famoso accidente de Dryden existe una gran cantidad de variables que fundamentaron los principios modernos de instrucción CRM en las líneas aéreas. A continuación, se enumeran algunos de los hallazgos más significativos que contribuyeron al accidente y sirvieron como enseñanza:

- La aeronave se operaba desde un aeropuerto en condiciones de clima frío y nieve. Al momento de la preparación del vuelo, se presentó una nevada leve (cubrió una capa de entre 0.6 a 1.3 cm sobre la superficie del F-28).

- La aeronave no contaba con su unidad de potencia auxiliar en servicio, por lo tanto, uno de los motores debió quedar encendido durante la preparación del vuelo, para alimentar de energía a los sistemas de a bordo. Por tal motivo, las alas recibieron tratamiento de anti hielo, pero no así toda la aeronave.

- Se realizó la carga de combustible necesario para volar a Winnipeg con los motores encendidos, mientras los pasajeros estaban en el avión. La descarga y carga de pasajeros demoró mucho tiempo y más tiempo estuvo el avión en tierra sin ser descongelado. A fin de evitar más retrasos y una mayor acumulación de nieve en las alas, el capitán George Morwood decidió no realizar esta operación.

- Existía un elevado gradiente de cabina, donde el copiloto poseía una menor experiencia y edad que el comandante. A su vez, el capitán ejercía un liderazgo del tipo autoritario, donde su experiencia y criterio eran los que primaban sobre el trabajo coordinado en la cabina de vuelo.

- La premura por el inicio de la operación llevó a capitán a realizar una evaluación inadecuada del peligro de engalamiento; donde el primer oficial nunca pudo participar en la toma de decisiones.

- Instantes posteriores al despegue, la aeronave se tornó incontrolable aerodinámicamente (probablemente despegó en segundo régimen) debido a la pérdida de sustentación que provocó la alteración del perfil alar por la presencia de hielo. La tripulación no reconoció en ningún momento esta situación.

En la imagen anterior se puede ver la recreación realizada por NatGeo en su serie de documentales "Mayday", donde aparece el Fokker F28 despegando en condiciones de nevada y engelamiento.

Es importante señalar que los modelos de CRM fundamentan su filosofía en la compresión de las conductas individuales de los actores del sistema. Si bien comprenden la complejidad del contexto de desarrollo de las actividades, no atacan los factores (fallas latentes) organizacionales ni sistémicos.

Fundamentalmente, el CRM está diseñado para detener la progresión de una cadena de errores operacionales. Según lo han expresado varios autores y especialistas en factores humanos en la aviación, el CRM es una de las mejores defensas que se han desarrollado como contención en los causales vinculados a errores de pilotaje (como falla activa) en accidentes de aviación.

Este conjunto de defensas operacionales persigue la utilización efectiva de todos los recursos disponibles, con el objetivo de conseguir una operación de vuelo eficiente y segura. Tal como lo expresara el especialista en factores humanos de los Estados Unidos Bob Helmerich, el CRM puede comprenderse como un "*... entrenamiento en el comportamiento para reconocer amenazas a la seguridad, evitar errores y administrar los errores cometidos...*".

Casos de estudio: *accidentes que marcaron la necesidad de la estandarización del CRM*

El 29 de diciembre de 1972 la hoy extinta Eastern Airlines realizaba el vuelo 401 desde el Aeropuerto Internacional de John F. Kennedy, NY, hasta el aeropuerto Internacional de Miami, Florida. Para ello, la Empresa dispuso del Lockheed L-1011 TriStar matrícula N-318EA. A bordo se encontraba una tripulación de 13 miembros y 163 pasajeros. La tripulación en la cabina de vuelo estaba formada por un experimentado capitán, un copiloto de 32 años y un ingeniero de vuelo.

El vuelo transcurrió con normalidad hasta la aproximación el destino final en Miami. Durante esa fase del vuelo, la tripulación seleccionó el tren de aterrizaje en posición “abajo”, sin embargo, la luz testigo del tren de nariz no indicó la posición “abajo y trabado”. Se realizó el procedimiento de reciclado de tren, sin tener éxito; por lo tanto, la tripulación comunicó que ascendería a 2000 pies y esperaría a resolver la situación. El capitán ordenó ir a inspeccionar la bahía de electrónica de la aeronave, con el objetivo de individualizar la falla.

Mientras uno de los miembros de la tripulación inspeccionaba los sistemas, el resto continuó en la cabina discutiendo sobre el problema acontecido en vuelo. Mientras tanto, comenzó a sonar la advertencia del piloto automático que anunciaba un desvío de +/- 250 pies respecto con la altitud seleccionada. Ninguno de los miembros de la cabina oyó esa alarma. Al mismo tiempo, otro tripulante se dirigió a la bahía de electrónica y pozo del tren de nariz, para identificar el potencial problema.

Un minuto y cuarenta segundos después el primer oficial notó como la aeronave había perdido altura dramáticamente. A los 7 segundos y con un ángulo de rolido de 28°, el TrisStar hizo contacto con el terreno en la zona de los Everglades, Florida, próximo al aeropuerto de destino. A consecuencia del impacto, 101 ocupantes perdieron la vida y otros 75 resultaron gravemente heridos.

Todos los tripulantes estaban abocados a encontrar el origen de la falla del tren de nariz. Al focalizar toda su atención en este solo tema, no advirtieron la desconexión del piloto automático y la actitud que adoptó la aeronave. En este contexto de situación, es viable afirmar que la tripulación en su conjunto se encontraba en una condición crítica de pérdida de la conciencia situacional.

El informe final de la Junta Nacional de Seguridad del Transporte reportó que la causa del accidente fue error del piloto: "*el error de la tripulación al no controlar los instrumentos de vuelo durante los cuatro minutos finales del vuelo, y su falla al no detectar el descenso inesperado lo suficientemente rápido como para evitar el impacto contra el suelo. Un error en el funcionamiento de la luz indicadora de la posición del tren de aterrizaje delantero distrajo la atención de los tripulantes hacia los instrumentos y provocó que no se notara el descenso*".

Más allá de lo expresado por el informe oficial, es necesario hacer otras menciones de importancia. En la situación que se presentó en vuelo debe hacerse referencia también que todos los tripulantes traían acumuladas una gran cantidad de actividad de vuelo en las últimas semanas, e incluso en el mismo día de producirse el accidente. Es decir, es muy probable que su desempeño operacional también estuviera condicionado por fatiga. Es importante señalar también que, en la época que se produjo este suceso, no existían planes formales de capacitación o entrenamiento CRM para las tripulaciones. El entrenamiento se limitaba a los conocimientos de manejo de la aeronave, pero no de gestión de los recursos de esta, ni la interacción en la cabina de vuelo.

Entonces, si consideramos que la tripulación tomó conciencia de la actitud de la aeronave sólo 7 segundos antes del impacto, sin que esto quiera decir que llegó a reconocer la situación y origen de la actitud; nos marca un cúmulo de condiciones críticas preexistentes en la tripulación que inevitablemente terminarían en consecuencias graves. Para un mejor entendimiento, se enumeran las variables críticas que actuaron como condiciones latentes en este accidente:

- La tripulación no contaba con entrenamiento adecuado para realizar una distribución de tareas asertiva, ante la ocurrencia de una novedad técnica.

- La falta de coordinación de las tareas llevó a que todos los tripulantes no detectaran ni la desconexión del piloto automático, ni el anuncio del sistema sobre la variación de la altitud.

- Ninguno de los tripulantes supervisó los instrumentos básicos de vuelo, mientras intentaban solucionar la falla del tren de nariz.

- En ningún momento se realizó la transferencia del avión de un piloto a otro, para gestionar la emergencia.

- No hubo una efectiva supervisión del progreso de la situación, por parte del control Miami. La falta de advertencia sobre la pérdida de altitud colaboró en que la tripulación continuara en una situación de pérdida de la conciencia situacional.

- La fatiga operacional fue un factor contribuyente en el detrimento de las capacidades operacionales de los tripulantes.

- La línea aérea no contaba con planes para mitigar estas variables. Ni la normativa, ni la autoridad aeronáutica tampoco había establecido estándares mínimos respecto con estos temas.

CRM y Gestión de la Cabina de Vuelo

Para entender bien de que se trata el análisis de un accidente en la aviación, tomaremos como ejemplo uno de los más grandes accidentes entre dos aviones que se hayan registrado en la corta historia de la aviación comercial. Es el conocido accidente del aeropuerto de **"Los Rodeos"** en la ciudad de Tenerife, España, donde se produjo la colisión de dos Boeing 747, uno despegando y otro cruzando la pista, con un total de 583 víctimas fatales.

Los aviones siniestrados fueron el vuelo **KLM 4805**, que volaba en dirección al aeropuerto de Gran Canaria y el vuelo **PAA 1736**, vuelo regular de Pan Am, que volaba hacia el aeropuerto de Gran Canaria. Por amenazas de bomba en el aeropuerto de Gran Canaria, ambos vuelos fueron desviados al Aeropuerto de Los Rodeos en la vecina isla de Tenerife, junto con muchos otros. En aquel entonces, Los Rodeos era aún demasiado pequeño para absorber fácilmente una congestión semejante. Sus instalaciones eran muy limitadas. Tenía una sola pista y sus controladores no estaban acostumbrados a tantos aviones, mucho menos, aviones de gran porte como el B747, sumado a que era domingo, por lo que sólo había dos de turno. No poseían radar de tierra y las luces de la pista estaban fuera de servicio. Además, el aeropuerto de Tenerife Sur, que se había previsto para descongestionar el vetusto aeropuerto tinerfeño, no abriría hasta noviembre de 1978 y estaba aún en fase de construcción.

Cuando el aeropuerto de Gran Canaria fue reabierto, el personal de vuelo del Pan Am 1736 procedió a pedir permiso para el despegue hacia allí, pero se vio forzado a esperar debido a que el KLM 4805 había pedido permiso para repostar y bloqueaba la salida a la pista. El avión holandés llenó sus tanques con 55000 litros de combustible. Justo al finalizar, se recibió notificación de que la policía había cerrado el aeropuerto de vuelta. Los dos 747 fueron obligados a esperar otras 2 horas.

A las 16:56, el capitán Van Zanten recibió permiso para encender sus motores y desplazarse por la pista principal, salir por la tercera salida (C1 y C2 tenían aviones en ellas) y alcanzar el final. Luego el controlador, tras repetir la orden al KLM, optó por corregir y ordenar que continuase por la pista principal sin desviarse, y que al final de ella hiciera un giro de 180° (backtrack) y esperara a la confirmación del despeje de la pista. Tres minutos después, el PAA 1736 recibió instrucciones para desplazarse por la pista de despegue, abandonarla al llegar a la tercera salida a su izquierda y confirmar su salida una vez completada la maniobra. Pero el PAA 1736 se pasó de la tercera salida y continuó hacia la cuarta. El piloto holandés del vuelo de KLM, ya con el avión completando el giro, aceleró motores (se registra un aumento de gases en la caja negra) y su copiloto le advirtió de que aún no tenían autorización para despegar. El capitán le pide al copiloto que hable con la torre de Los Rodeos y en la comunicación se indica que están en la cabecera de la pista 30 esperando para despegar. Los Rodeos les da la ruta a seguir, un Air Traffic Control Clearance (ATCC), y el copiloto lo repite terminando con la indicación de que están en la pista 30 listo para despegar.

En ese momento, y mientras su copiloto completaba la repetición de órdenes, Van Zanten, sin un permiso de despegue o take off clearance, inicia el mismo soltando frenos, según registra la caja negra. Cuando su copiloto termina la comunicación y ya con el avión en marcha, advierte: “We're going”. El controlador contesta el recibido de la repetición de su mensaje de autorización de ATC en la siguiente forma: «Okay». Y 1,89 segundos más tarde añade: «Espere para despegar, le llamaré». Para esto, el capitán ya había iniciado la carrera de despegue aplicando potencia en los motores. La torre de control pidió entonces a PAA 1736 que le comunicase tan pronto como hubiera despejado la pista: «Papa Alfa uno siete tres seis reporte pista libre». Esto se oye en la cabina del KLM. Un segundo después, PAA contesta: «Okay, reportaremos cuando la dejemos libre». Contestación que se oye en la cabina de KLM. La torre de control contesta: «Gracias». Justo después de esto, el ingeniero de vuelo y copiloto holandeses mostraron dudas de que la pista estuviese realmente despejada, a lo que el capitán

Jacob Veldhuyzen van Zanten respondió con un enfático: «Oh, ya», y quizá creyendo difícil que un piloto experto como él cometiese un error de semejante magnitud, ni el copiloto ni el ingeniero de vuelo hicieron más objeciones. Trece segundos más tarde, ocurrió el choque

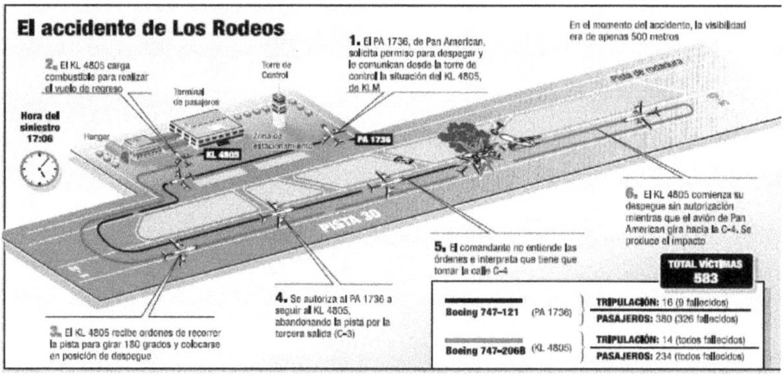

.

En la extensa investigación llevada a cabo por inspectores de los tres países principalmente implicados (España, Países Bajos y EE.UU.) se estuvo de acuerdo en las siguientes conclusiones principales:

- El capitán de KLM despegó sin tener la imprescindible autorización desde la torre de control.

- El capitán de KLM no interrumpió la maniobra de despegue aunque desde el avión de Pan Am se informó de que seguían en la pista.

- El capitán de KLM contestó con un rotundo «sí» a su ingeniero cuando éste le preguntaba (casi afirmando) si el avión de Pan Am había dejado ya la pista.

- El capitán parecía no tener clara la situación. Una vez terminada la maniobra de backtracking (giro de 180o) para situarse en posición de despegue, metió gases sin tener la autorización de ATC. El copiloto le dijo: «Espera, aún no tenemos la autorización ATC». Seguidamente el comandante paró el avión y le dijo: «Sí, ya lo sé; pídela».

- El avión de PanAm siguió rodando hasta la salida C4 en lugar de tomar la C3, como se le había indicado desde la torre de control.

Como consecuencia del accidente, se produjeron una serie de cambios en cuanto a las regulaciones internacionales. Desde entonces, todas las torres de control y pilotos deben usar frases comunes en inglés y se comenzaron a instalar en los aviones métodos de navegación automáticos para niebla. También se cambiaron los procedimientos de cabina, dándose más énfasis a la toma de decisiones conjuntas entre los varios miembros de la tripulación.

En concreto, está terminantemente prohibido decir «despegue» («take-off») en fases que no sean precisamente las del despegue. En su lugar se deberá hablar de «salida» («departure»). Los radares de tierra, inexistentes en pistas que no fueran de grandes ciudades como Londres, Nueva York o París, también empezaron a ser incluidos en la mayoría de aeropuertos, aunque hasta la primera mitad de los años 80 no serían mayoritarios; su ausencia algunos años después en otros aeródromos todavía depararía desastres aéreos.

Ahora es tu turno de poner en práctica los conocimientos adquiridos en CRM con este ejemplo del accidente de "Los Rodeos". Veamos:

1) ¿Cuáles crees que fueron los errores o fallas activas en este evento?
2) ¿Cuáles crees que fueron los errores o fallas latentes en este evento?
3) ¿Qué crees que falló en el proceso de toma de decisión?
4) ¿Qué sucedió con la conciencia situacional, tanto de la tripulación de ambos aviones como de la torre de control?
5) ¿Qué sucedió con el trabajo en equipo y el liderazgo?
6) ¿Existieron factores externos que influyeron considerablemente en este evento?

Sin dudas, son todos interrogantes que dejan un amplio abanico de posibles respuestas, pero seguramente la mayoría de los profesionales con un mínimo conocimiento sobre el CRM llegarían a respuestas similares. Antes de adentrarnos en cada una de ellas, estudiemos este último gráfico y resumamos este evento:

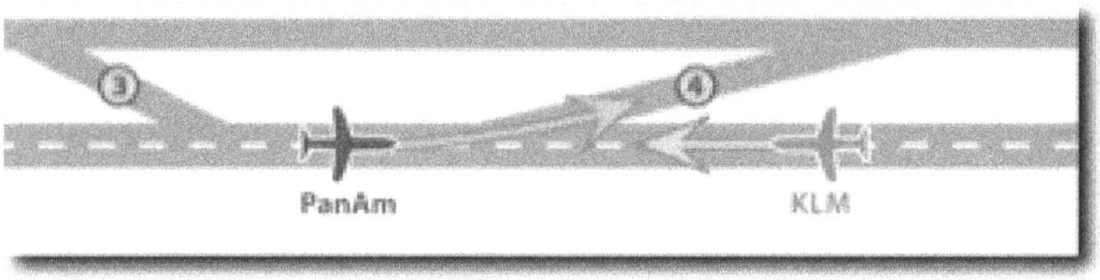

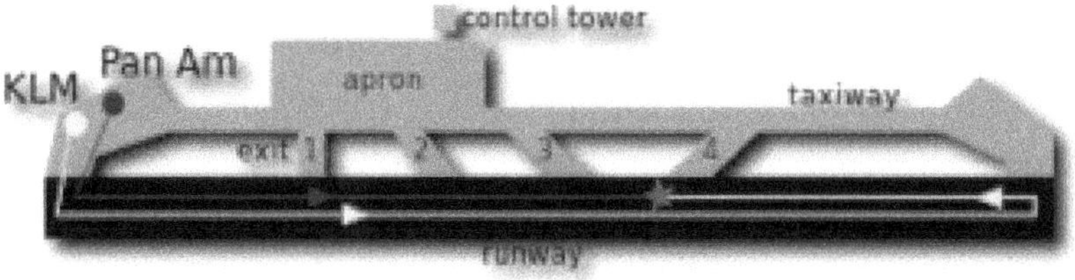

Todo quedó resumido a una colisión entre dos B-747, uno en carrera de despegue y otro rodando para despejar la pista. Todas las evidencias llevaron a pensar que la tripulación de KLM fue quien desencadenó la falla activa que produjo tragedia pero esa afirmación no es del todo exacta. Respondamos las preguntas anteriores y descubramos donde está la el conjunto de fallas y condiciones pre-existentes que llevaron a este accidente.

1) Es aquí donde las fallas comienzan a dividirse. Las fallas activas involucraron tanto al control de tránsito aéreo como a los pilotos de ambos aviones. Por un lado, el controlador de tránsito aéreo omitió la congestión de tránsito en la pista y dio instrucciones para que ambos aviones rueden al mismo tiempo en una única pista, sin tener en cuenta la baja visibilidad extrema. Los pilotos de PANAM cometieron un error por no haber entendido correctamente las

instrucciones del control, no abandonaron la pista por la calle de rodaje solicitada (la numero 3) y continuaron hacia la siguiente calle (la numero 4). Por último, los pilotos de KLM, no solo iniciaron la carrera de despegue sin contar con la autorización para hacerlo, sino que también hicieron caso omiso a sus propias obligaciones individuales que cada uno desempeñaba. Por un lado, el comandante decidió despegar creyendo haber escuchado la autorización, pero sin tener la certeza de la misma. Por otro lado, el primer oficial o copiloto, quien aparentemente escucho correctamente las indicaciones del control, no fue capaz de advertirle al comandante de tal situación aun sabiendo que estaban cometiendo un error. Por último, el ingeniero de vuelo, quien sí advirtió al comandante de lo que estaba sucediendo, no tomó las acciones correspondientes.

2) Aquí entran en juego otros factores ajenos al accidente pero con gran influencia en lo sucedido. Como fallas latentes encontramos la deficiencia del sistema de un aeropuerto casi en construcción, con personal poco calificado. Los factores climáticos ayudaron a que estas fallas latentes penetren en el sistema y generen una combinación fatal de sucesos. En cuanto a la autoridad aeronáutica, también se presentaron como una falla latente, la deficiencia en los requerimientos de instrucción de pilotos sobre los aspectos humanos, la falta de control y de capacitación, junto con la falta de infraestructura como ser radares de superficie, todas afectando al mismo tiempo a ese "segundo" de tiempo donde el comandante de KLM decide "Acelerar".

3) En cuanto al proceso de toma de decisiones, todo llegó hasta la tercera flecha de nuestro gráfico. Se identificó el problema (la demora del vuelo), se analizó el mismo (encontrando razones climáticas para tal demora), pero es aquí donde se interrumpió el proceso, en la evaluación de las alternativas. Para la tripulación de KLM había una sola alternativa: salir canto antes para no demorar más el vuelo. La decisión ya estaba tomada, aunque tanto el copiloto como el ingeniero de vuelo, no estaban seguros de esa decisión.

4) En cuanto a la conciencia situacional de todas las partes involucradas, parecían estar orientados en tiempo y espacio, cada uno en su rol, salvo el comandante de KLM, quien asumió que la pista estaba disponible para el despegue, descartando las sugerencias de sus compañeros de vuelo.

5) Sobre el trabajo en equipo en el avión de KLM no hay mucho que agregar, ya que prácticamente no existió. En el audio recuperado del "Voice Recorder", se notó una completa falta de cooperación de equipo, y una total ausencia de liderazgo por parte del copiloto, quien sin dudarlo, debería haber reafirmado su posición evitando que el comandante inicie la carrera de despegué. Este fue un típico caso donde se vio la diferencia entre JEFE y LIDER. El comandante tuvo la actitud de un JEFE, simplemente ordenó el despegue, cuando debería haber tenido la actitud de un LIDER, dirigiendo la operación en conjunto con sus compañeros, aceptando el análisis de ellos y buscando el mejor resultado para el vuelo.

6) Sin dudas, existieron factores externos en este evento, destacando como el significativo, la presión por "querer" salir cuanto antes y vencer a las demoras que venían sufriendo. Fue desde este evento donde las autoridades mundiales de la aviación civil decidieron implementar una instrucción para el factor humano en la cabina.

Evidentemente, la presión de las demoras, la meteorología, las exigencias de las empresas y de los pasajeros, entre varias más, son factores que siguen afectando a las tripulaciones en cada vuelo por el solo hecho de ser humanos. Pero, a diferencia del evento de Tenerife, hoy por hoy se le da la misma importancia a la instrucción de los recursos humanos en la cabina que a la instrucción técnica en los simuladores.

Complejidad en las Operaciones Aerocomerciales

Un universo de interacciones extremadamente complejas realizadas de modo sincronizado, una de las industrias de alto riesgo con mayor cantidad de operaciones diarias alrededor del planeta, un servicio público del que dependen infinidad de otras industrias, una necesidad de conectividad … eso es la aviación comercial.

La industria ha llegado a un grado tal de desarrollo y modernización, donde concebir que un suceso vinculado a la seguridad operacional es responsabilidad de un individuo (sea tripulación, personal técnico, de ATC, etc.) es un error absoluto. Las primeras grandes catástrofes de la aviación estuvieron ligadas a factores netamente técnicos (diseño, fabricación, mantenimiento, etc.), luego la problemática se detectó en las cuestiones vinculadas a la operación propiamente de la aeronave. En las últimas décadas, los especialistas en seguridad e investigación han determinado que los factores precursores fundamentalmente se encuentran en los aspectos organizacionales del sistema.

Numerosos estudios han determinado que el factor humano en su lucha contra la automatización del vuelo es uno de las variables críticas en la seguridad de las operaciones.

Caso de estudio: *Boeing 777, Asiana, San Francisco, California.*

El 6 de julio de 2013 la Empresa coreana Asiana Airlines se encontraba realizando el vuelo regular 214. Se trataba de una operación directa desde el Aeropuerto Internacional Incheon de la ciudad de Seul, Corea del Sur, al Aeropuerto Internacional de San Francisco, California, EE.UU. Para operar esa ruta, Asiana empleaba su flota de Boeing 777-200ER.

A bordo de la aeronave se encontraba 16 tripulantes y 291 pasajeros. Producto del accidente tres ocupantes perdieron la vida y otros 181 resultaron con heridas de variada consideración. Ese Boeing 777 se encontraba en servicio en el operador desde 2006.

La tripulación de vuelo estaba conformada por un piloto al mando, un piloto de monitoreo y un piloto en entrenamiento. De acuerdo con lo documentado en el plan de vuelo, la operación estaba planeada para 10 horas y 24 minutos totales. La tripulación tenía previstos relevos en los puestos de cabina y períodos de descanso, debido a la extensión del vuelo. El primero de los relevos se realizó a las 4 horas y 15 minutos de vuelo.

El vuelo transcurrió con normalidad desde el despegue, sin que se presentaran novedades de ningún tipo. Según el CVR (*cockpit voice recorder*), a las 10:47 hs, el piloto al mando solicitó la ejecución de la lista de control de procedimientos para el descenso, en la que se incluyó la verificación de la velocidad de referencia para el aterrizaje (V_{REF} 132 KIAS). A las 11:21hs, el Control de Aproximación del Norte de California consultó a la tripulación si tenía el aeropuerto a la vista, a lo que el PM (pilot monitoring) replicó "*ok, pista a la vista*", por lo que el controlador autorizó la aproximación a la pista 28L.

De acuerdo con los datos obtenidos del registrador de datos de vuelo, la NTSB pudo determinar que la autorización del control fue recibida a una altitud de 6300 pies, cuando la aeronave tenía una velocidad indicada de 211 nudos. En ese momento, la tripulación tenía la aeronave configurada con flaps y tren de aterrizaje arriba, sistema de auto empuje en modo "espera", el director de vuelo del piloto automático se encontraba en vuelo seleccionado en modo velocidad, picth y rumbo.

A las 11:22 hs, el piloto al mando indicó haber interceptado la señal del localizador (ILS). A las 11:23 h el CVR registró la coordinación hablada de la tripulación para realizar una aproximación visual. En ese momento, la aeronave se encontraba a unas 15,4 NM del umbral de pista con 5300 pies de altura y 210 nudos de velocidad indicada. Es decir, la aeronave pasó de una aproximación por ILS a una aproximación visual, donde se encontraba ligeramente alto para la distancia actual y completamente pasado de la velocidad de aproximación final prevista de 132 kt. Cercanos a la pista, la indicación visual del sistema PAPI mostraba cuatro luces blancas (por encima de la senda de planeo). En ese instante el PF (pilot flying) incrementó la velocidad vertical para lograr capturar la senda de planeo mientras que se acercaban a la pista. La indicación del sistema PAPI, pasa a indicar tres luces blancas y una luz roja, el PM indica que el "rate" de descenso es demasiado brusco. Aquí el PF, advirtió la indicación del PM y continuó hasta que el sistema PAPI indicó dos luces blancas y dos luces rojas (la senda de planeo adecuada). Sin embargo, la corrección de la velocidad vertical se demoró y el vuelo pasó a estar por debajo de la senda de planeo con el PAPI indicando tres luces rojas y una luz blanca e inmediatamente después, la indicación paso a cuatro luces rojas cuando se encontraba a 200 pies del terreno. En ese momento, la velocidad bajó a 120 nudos, muy por debajo de los 132 nudos planificados para la aproximación. ¡Cruzando los 100 pies la aeronave se encontraba fuera de la senda de planeo y con una velocidad de 111 nudos! Seguido a esto, se activó el sistema de vibración de la columna de mando (*stick shacker*) indicando la proximidad a la perdida de sustentación y el PM decidió realizar un "Go Around" o aproximación frustrada, pero ya era demasiado tarde ya que la aeronave se encontraba a 30 pies de altura con una velocidad de 103 nudos y actitud de "nariz arriba".

La aeronave impactó el terreno a pocos metros del umbral de pista. El tren de aterrizaje principal y el fuselaje ventral impactaron el rompeolas próximo a la pista. La cola del avión se separó en el sector del mamparo de presión trasero. El estabilizador vertical, los estabilizadores horizontales izquierdo y derecho, y los componentes del tren de aterrizaje principal izquierdo y derecho quedaron entre el rompeolas y el umbral de pista.

Los motores izquierdo y derecho se separaron abruptamente. El motor izquierdo se detuvo a unos 180 metros al norte de los restos principales en el césped en el lado opuesto (derecha) de la pista. El motor presentaba fracturas del perfil aerodinámico de la pala del fan opuestas a la dirección de rotación, coincidentes con un patrón de daños que evidencia el funcionamiento al momento del impacto.

El impacto inicial en el rompeolas del aeropuerto y la dispersión de restos inicial propició una descomposición de la energía de impacto que, junto con el deslizamiento del fuselaje principal sobre un terreno liso, sin obstáculos; favorecieron en la supervivencia de los ocupantes. La cabina principal del avión, si bien resultó destruida, permitió el rescate y supervivencia de gran parte de los pasajeros. En la siguiente imagen se puede notar el estado de "torsión" del fuselaje del B777.

Luego que el avión se detuvo, se inició un incendio dentro del motor derecho, que se detuvo junto al lado derecho del fuselaje. Cuando uno de los auxiliares de cabina se dio cuenta del incendio, se inició la evacuación y el 98% de los pasajeros se auto evacuaron con éxito. Cuando el fuego se extendió por el fuselaje, los bomberos ingresaron al avión y sacaron a cinco pasajeros (uno de los cuales murió más tarde) que resultaron heridos y no pudieron evacuar.

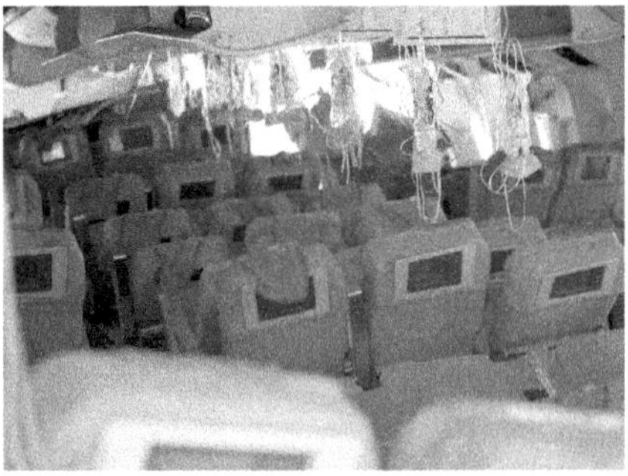

La investigación realizada por la NTSB estableció que las causas probables del accidente fueron la inadecuada gestión de la performance del avión durante la aproximación visual, como así también la desactivación involuntaria del control automático de velocidad. También se estableció que se produjo una inadecuada supervisión de la velocidad por parte de la tripulación. Existió un retraso en la toma de decisiones en lo que respecta a realizar un escape en la fase de aproximación final, considerando que la aeronave se encontraba por debajo de la trayectoria adecuada de planeo y con una velocidad inferior a la necesaria.

Como factores contribuyentes a la causa, la NTSB identificó los siguientes factores:

- La documentación técnica operativa del fabricante de la aeronave no refleja la complejidad del sistema automatizado de director de vuelo, aceleradores y piloto automático. Esto pudo haber contribuido en las falencias del entrenamiento y las posibilidades de cometer errores operacionales.

- Comunicación inadecuada entre la tripulación con respecto al uso de los sistemas automatizados de la aeronave.

- Entrenamiento inadecuado de la tripulación para las maniobras de aproximación visual en Boeing 777.

- Supervisión inadecuada del piloto de monitores durante la fase de aproximación.

- Probable estado de fatiga operacional de la tripulación. Este factor pudo haber condicionado el desempeño operacional de los tripulantes.

Gestión de los errores y las amenazas (TEM)

TEM es el acrónimo que recibe la gestión de las amenazas y errores en el plano del desempeño humano (*Threat and Error Management*). Es un concepto amplio relacionado con la seguridad operacional que ha evolucionado junto al estudio y desarrollo del resto de los programas y modelos de seguridad operacional.

Este concepto contextualiza la actuación de los individuos que se desempeñan en el sistema aeronáutico, realiza un examen profundo de la complejidad de las tareas y las influencias del medioambiente de trabajo. Originalmente, el TEM fue concebido para ser aplicado a las operaciones de vuelo, actualmente se ha extendido a la gran mayoría de las ramas del sistema aeronáutico, como al control de tránsito aéreo. El análisis TEM del sistema considera tres conceptos básicos: las amenazas, los errores y los estados no deseados. Para una mejor comprensión de estos tres conceptos, es útil hacer mención a los criterios que cada uno de ellos involucra:

Amenazas

El concepto de TEM entiende que las amenazas son sucesos o errores que se encuentran fuera del alcance del operador de primera línea y que incrementan la complejidad operacional, obligando a realizar acciones que conduzcan a mantener los márgenes de seguridad.

Errores

Los errores son definidos como acciones u omisiones de los operadores del sistema que conducen a desviaciones con respecto a las performances, expectativas de resultados o procedimientos deseados o planificados como seguros y eficientes. TEM considera que los errores pueden ser sucesos espontáneos, es decir, hechos que no tienen vínculo alguno con una amenaza. También considera que el error aislado puede ser parte de una sucesión o concatenación de errores aislados vinculados de algún modo entre sí.

Estados no deseados

Son las condiciones operacionales del sistema, en la que una determinada operación o acción corriente de trabajo reduce los márgenes de seguridad operacional. Los estados no deseados que son resultado de un manejo ineficaz de las amenazas y errores pueden conducir a situaciones comprometidas y reducir los márgenes de seguridad de las operaciones. Los sistemas TEM tienen como objetivo controlar la latencia de criticidad que se genera a través de las amenazas y errores, con el fin de mitigar los estados no deseados del sistema. Analicemos el siguiente gráfico y veamos cómo funciona el modelo TEM:

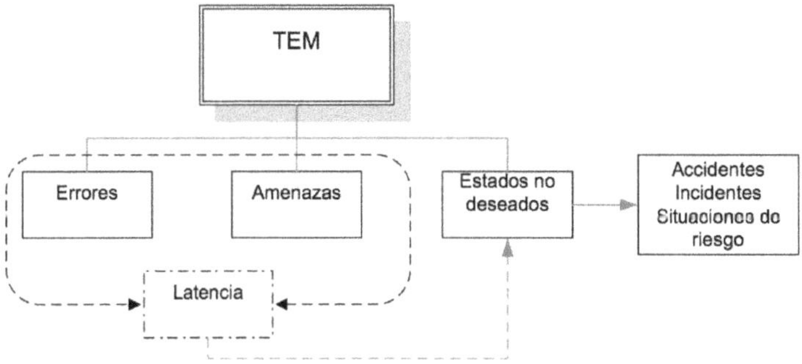

La materialización de todas las amenazas

El 20 de agosto de 2008 el McDonnell Douglas DC-9-82 (MD-82) de Spanair se disponía a cumplir el vuelo 5022 entre el Aeropuerto Internacional Adolfo Suarez – Madrid, Barajas (MAD) y el Aeropuerto de Gran Canaria (LPA). La aeronave transportaba 166 pasajeros y 6 tripulantes.

Tras haber realizado otros vuelos programados de modo regular, la tripulación y la aeronave estaban dispuestas a realizar el vuelo a Gran canaria. Luego de un de intento fallido de inicio de la maniobra de despegue, retornan a la plataforma, donde participó personal de mantenimiento de la empresa realizando las comprobaciones correspondientes.

Tras la supuesta resolución de las novedades surgidas, haber repostado combustible y el MD-82 listo para la realización del vuelo, la tripulación inició la ejecución de las listas de control de procedimientos previas a la puesta en marcha, rodaje y previa al despegue.

Según el registro del grabador de datos de cabina, desde la liberación de los frenos hasta el final de la grabación, se pudo comprobar que la aeronave permaneció con su conjunto de *flaps/slats* en posición 0°. Luego de la puesta en marcha, la tripulación ejecutó la lista "*taxi*", al llegar al último ítem de la lista "*takeoff briefing*" y leerlo, el primer oficial no recibió respuesta del piloto al mando. Desde la ejecución de las listas hasta el instante de ocupar la pista activa, el CVR (cabin voice recorder) registró conversaciones ajenas a la operación entre la tripulación y una tercera persona ubicada en el trasportín de cabina.

Instantes más tarde control comunicó: "*Spanair 5022 detrás de secuencia del MD80 de compañía, entrar y mantener en 36 izquierda*", la tripulación colacionó el mensaje. En ese momento se registraron en la grabación del CVR las señales audibles que indican que la tripulación aseguró la cabina de pasajeros y se encuentran listos para el despegue. También el CVR registró como el primer oficial realizó la lista "*final ítems*" e hizo algunos comentarios sobre la posibilidad de conexión del piloto automático posterior al despegue.

Al despegar una aeronave que ocupaba 36L, el control MAD autorizó a ocupar y despegar al 5022. Inmediatamente después, la tripulación comenzó a avanzar las palancas de empuje del pedestal, soltaron los frenos e iniciaron el despegue. Luego de accionar el máximo empuje de los motores, la aeronave comenzó su carrera de despegue, según el FDR (*flight data recorder*) fue de 1950 metros. Una vez superada la velocidad de decisión V_1 continuaron con el despegue de forma normal.

Pasada la fase de rotación, se detectó la activación del sistema de alarma de pérdida de sustentación (*stall warning y stick shaker*). Acto seguido y con tono de pregunta, el primer oficial dijo "*fallo de motor*", a lo que el comandante al mando realizó una repregunta en tono imperativo "*¿cómo se apaga esta luz?*". En ese momento la velocidad era de 168 KT y la altura de 25 ft de altura (lectura radioaltímetro), el pitch de 15,5° y un ángulo de rolido de 4,4°, es decir, que la aeronave se encontraba con un excesivo anulo de pitch y realizando un viraje involuntario de 4,4° a 25 pies de altura!

Instantes posteriores, el ángulo de rolido aumentó a 20°, se detectó una reducción de las palancas de empuje de motor y la activación de ángulo excesivo de rolido (*bank angle warning*); al mismo tiempo se pudo oír en el CVR tres bocinas consecutivas de la alarma de pérdida de sustentación, acompañadas del audio "*stall, stall, stall*".

Instantes mas tarde del despegue se pudo detectar el primer impacto con el terreno, con una aceleración vertical de 3,17 G's, 10,4° de pitch, 5,3° de rolido por derecha y una velocidad de 154 kt. A consecuencia del impacto, la aeronave resultó destruida e incendiada. Como consecuencia de ello los 6 tripulantes y 148 pasajeros fallecieron, mientras que los restantes 18 pasajeros resultaron con heridas graves.

El informe A-032/2008 de la Comisión de Investigación de Accidentes de Aviación Civil (CIAIAC) de España, es realmente extenso y de gran interés en su contenido. Debido a la complejidad organizacional del caso se ahondó en los aspectos de gestión, el mantenimiento, el rol del operador, la autoridad aeronáutica, el fabricante etc. Algunas de las conclusiones oficiales del informe fueron las siguientes:

1. El peso y centrado del avión en el momento del despegue estaban dentro de los límites aprobados

2. La meteorología no fue un factor de influencia en el accidente en lo que a actuaciones del avión se refiere.

3. Durante el primer rodaje, y ya en cabecera de pista, el comandante decidió regresar al aparcamiento para solucionar una avería por excesivo calentamiento de la sonda RAT en tierra.

4. En los días previos al accidente, según los datos grabados en el DFDR, hubo cinco (5) casos de recalentamiento en tierra de la sonda RAT. Tres (3) de estos casos no se anotaron porque no se detectaron y los otros dos (2) fueron advertidos y registrados por las tripulaciones.

5. El comandante decidió no utilizar el avión de reserva que estaba preparado.

6. Las acciones de mantenimiento no lograron solucionar el problema de la aeronave, lo que, junto con la alta temperatura en el interior de la cabina y el retraso acumulado, pudieron crear en el comandante la necesidad de apresurarse.

7. La tripulación hizo uso de los teléfonos móviles durante la fase de preparación del vuelo y rodaje.

8. La tripulación no respetó el concepto de cabina estéril. Además del uso del teléfono móvil, mantuvo conversaciones en cabina no relevantes para su

actividad con una tercera persona que viajaba en el trasportín, contribuyendo a que la tripulación se distrajera de sus obligaciones de vuelo.

9. Los pilotos utilizaron las listas de verificación de Spanair, pero no se cumplieron en forma completa, omitieron algunos puntos de las mismas y no realizaron las acciones requeridas en otros. Durante la ejecución de los procedimientos de operación se produjeron desviaciones y falta de monitorización que provocaron que no se seleccionaran los flaps y los slats, ni se comprobara la posición seleccionada.

10. La tripulación no seleccionó ni comprobó los flaps / slats previo al despegue.

Por otra parte, la CIAIAC ha determinado que el accidente se produjo debido a:

- La tripulación perdió el control del avión como consecuencia de la entrada en pérdida inmediatamente después del despegue, por no haber configurado el avión correctamente, al no realizar la acción de despliegue de flaps/slats, tras una serie de fallos y omisiones, junto con la ausencia de aviso de la configuración incorrecta de despegue.

- La tripulación no identificó los avisos de pérdida ni corrigió dicha situación después del despegue retrasó momentáneamente las palancas de potencia de motor, aumentó el ángulo de asiento y no corrigió el alabeo – produciéndose un deterioro de la condición de vuelo en pérdida.

- La tripulación no detectó el error de configuración al no utilizar adecuadamente las listas de comprobación que contienen los puntos para seleccionar y comprobar la posición de los flaps/slats en las labores de preparación del vuelo.

Un caso similar al anterior ocurrió con un Boeing 737-200 de Líneas Aéreas Privadas Argentinas (LAPA) el 31 de agosto de 1999 en el Aeroparque Jorge Newbery de la Ciudad de Buenos Aires, Argentina. La aeronave se disponía a despegar con rumbo al Aeropuerto Internacional de Córdoba, recorrió la pista 13 en la carrera de despegue, pero nunca llegó a lograrlo; hecho que produjo el impacto contra la antena del ILS, la reja perimetral, para luego colisionar contra una cabina de gas ubicada frente al aeropuerto y finalmente detenerse en un predio contiguo. A consecuencia de ello, perdieron la vida 65 personas.

El accidente fue investigado por la Junta de Investigaciones de Accidentes de Aviación Civil (JIAAC) de la Rep. Argentina. Entre los hechos destacado de la investigación se determinó que la tripulación no realizó la configuración necesaria de flaps/slats para el despegue. En este caso si funcionó la alarma de configuración de despegue, que alertaba del fallo; sin embargo, la tripulación hizo caso omiso y continuó la operación.

El caso de LAPA ha sido uno de los accidentes de aviación más resonantes de la aviación argentina. La magnitud de las consecuencias, el hecho que haya sido en proximidades del Aeroparque Jorge Newbery, el horario, la cobertura mediática, entre otras variables; marcaron esta tragedia en todos los argentinos. Entre los hallazgos y conclusiones más relevantes de la JIAAC, se destaca lo siguiente:

Los pilotos habían cumplido los requerimientos reglamentarios para estar habilitados técnica y psicofísicamente. Su experiencia de vuelo general y en este tipo de aeronave era adecuada a sus funciones. Existía un conocimiento previo entre ambos pilotos y la Jefe de Cabina, que les permitió un tipo especial de conversación sobre temas de carácter privado que desvió sus atenciones de las actividades propias del vuelo.

Los respectivos controles se suspendían mezclándose con conversaciones personales, para luego continuarlo, repitiéndose varias veces y no completándolos en ningún caso. Aparentemente algunos ítems fueron repetidos de memoria sin efectuar el control correspondiente, por cuanto se enunciaron y se contestaron ítems que no correspondían al equipamiento de la aeronave y también se enunciaron algunos otros que recibieron contestaciones que no les correspondían.

Desde la puesta en marcha hasta el ingreso a pista, no se efectuó la lectura y control de la lista de "*Before Take Off*" donde se encuentra el control de flaps para el despegue.

Cuando la aeronave abandonó la plataforma, el comandante estaba contando una experiencia de vuelo, que fue interrumpida luego por el permiso de tránsito informado por la torre de control. Existió un dialogo inapropiado sobre la espera para el despegue, luego se pasó a temas particulares y desde allí a la comunicación con los pasajeros y nuevamente a temas personales omitiendo la lista "*Before Take Off*".

La carrera de despegue se realizó con la alarma de configuración activada. Ambos tripulantes la oyeron, pero subestimaron o no comprendieron su significado.

La aeronave alcanzó la velocidad de rotación y al rotar para alcanzar la actitud de despegue, dejó de sonar la alarma de configuración por la sustentación alcanzada. En ese punto comenzó la vibración de comandos y sonido del *stick shaker*, indicación previa a la pérdida de sustentación.

La no extensión de flaps fue comprobada por la grabación del registrador de datos de vuelo que incluye ese parámetro, por la posición de la palanca de accionamiento de flaps en cabina, por los análisis realizados sobre los restos del sistema y por la alarma de configuración que sonaba en la grabación de voces en cabina.

Asimismo, y a través del audio del CVR, se confirmó que la alarma TOWS (*takeoff warning system*) funcionó adecuadamente, desde que la tripulación seleccionó el empuje de despegue de los motores.

El informe de investigación oficial indicó que el accidente se produjo por:

"La JIAAC considera como causa inmediata del accidente que la tripulación de vuelo del LAPA 3142 olvidó extender los flaps para iniciar el despegue y desestimó la alarma sonora que avisaba sobre la falta de configuración para esa maniobra".

Un año antes que se produjera el accidente de Spanair (analizado en páginas anteriores), se produjo un hecho similar, pero con resultados "positivos", ya que la tripulación logró controlar la maniobra y regresar para un aterrizaje de emergencia. Un MD-83 operado por la Empresa MAP despegó desde el Aeropuerto de Lanzarote, al instante de realizar el *lift off* comenzaron los alabeos sucesivos en sentidos opuestos; la aeronave inició el despegue con una velocidad de 159 KIAS. Con una velocidad superior a los 200 KIAS, la tripulación logró controlar la actitud de la aeronave y realizar la senda aérea de despegue, con condiciones marginales, debido a la falta de configuración de flaps/slats.

A raíz del accidente de Spanair, la CIAIAC de España realizó una consulta técnica al sistema de notificación de sucesos inseguros de los EE.UU. coordinado por la NASA, vinculado a hechos de aeronaves de transporte de similares características al caso mencionado. El sistema identificó 51 casos entre 1988 y 2009 donde se presentaron fallas de TOWS, de acuerdo con el siguiente detalle:

Aeronave	Casos	Intento de despegue con configuración inapropiada
MD series	13	4
737 series	24	15
727 series	5	4
Otros	9	4

Cabe destacar que desde el accidente de Spanair a la fecha de publicación de la presente obra, no se produjeron sucesos graves vinculados a temas de configuración de despegue. Esto no quiere decir que es un "tema solucionado" en la industria, sino que es el reflejo de la efectividad de las defensas que han sido rediseñadas e implementadas a lo largo de los años para mitigar esta amenaza.

Gestión de las Amenazas

La meteorología es una de las amenazas que las tripulaciones enfrentan a diario en su labor. Por ser una variable física de la atmósfera, es un peligro que no puede ser mitigado más que a través de su conocimiento, análisis y planificación del vuelo. Es imposible modificar el escenario, pero es obligatorio conocerlo y planificar el vuelo en función de este.

Existen una gran variedad de peligros meteorológicos, los más significativos son.

- Tormentas
- Niebla
- Engelamiento
- Cortantes de viento a baja altura

A los fines del análisis en el presente manual, tomaremos como ejemplo el fenómeno meteorológico de engelamiento.

El engelamiento estructural es el fenómeno termodinámico por el que se produce el congelamiento de las gotas de humedad presentes en la masa de aire, que impactan la aeronave en vuelo, tema desarrollado ampliamente en otras ediciones de la colección HDIW, en su tomo de "Meteorología para Pilotos".

La formación de hielo debe considerarse como un elemento de alta criticidad que puede generar la pérdida de control en vuelo de la aeronave. La acumulación de hielo afecta las performances de vuelo ya que, por un lado, produce un aumento de peso, variación de la posición del centro de gravedad y por otro, el aumento de la resistencia aerodinámica (parásita e inducida).

Cuando las condiciones de formación de hielo son severas, la acumulación bloquea el movimiento de las superficies móviles de mando (alerones, timón de profundidad, compensadores, etc.), provocando la pérdida de control aerodinámico de la aeronave. El engelamiento también produce aumento de consumo de combustible, pérdida de tracción en las hélices por detrimento del perfil aerodinámico alterado en su forma por el hielo, inutilización de antenas, sensores, tomas estáticas y tubos pitot.

Para mitigar los riesgos de la formación de hielo es conveniente conocer las zonas de desarrollo frontal y ubicación de la nubosidad cumuliforme de gran desarrollo vertical. También es importante conocer si existen zonas de lloviznas engelantes, como así también de todo otro tipo de precipitación. Para las aeronaves equipadas con motores turbohélice (ATR 42, Jetstream 31, Saab 340, Bombardier Dash 8, Fokker F-50, entre otras) es crucial analizar la situación atmosférica reinante, teniendo en cuenta la altura de la isoterma de cero grados. Este tipo de aeronaves poseen un techo operativo que induce a que la gran mayoría del vuelo se desarrolle a una altura que suele estar próxima a la isoterma de cero grados, por lo que la probabilidad de acumulación de hielo aumenta significativamente.

La actuación de los sistemas de protección ante la formación de hielo que poseen las aeronaves, son efectivos siempre y cuando se respeten los modos de operación de estos y las limitaciones establecidas en cuanto a la severidad del fenómeno. El uso impropio de las defensas puede generar en la tripulación una expectativa de "solución" del tema, cuando en realidad; el fenómeno continúa progresando. Para entender mejor este concepto, analicemos un caso de accidente por engelamiento en vuelo. El 18 de mayo de 2011 la aeronave Saab 340A se encontraba realizando el vuelo SOL 5428 para la Empresa Sol Líneas Aéreas. El vuelo partió del Aeropuerto Internacional de Rosario (SAAR) provincia Santa Fe, con destino final al Aeropuerto Internacional Comodoro Rivadavia (SAVC) provincia de Chubut; Rep. Argentina. La operación tenía escalas previstas en los aeropuertos de Córdoba (SACO), Mendoza (SAME) y Neuquén (SAZN).

El último tramo del vuelo se realizó entre la escala SAZN y el destino final en Comodoro Rivadavia. La tripulación estaba compuesta por dos pilotos y un tripulante de cabina de pasajeros. A bordo, se encontraban 19 pasajeros. Posterior al despegue, la aeronave comenzó el ascenso por la aerovía T105, para alcanzar el FL 190 según el plan de vuelo. Tras volar 24 minutos, el piloto niveló la aeronave con 17800 ft, con este nivel voló aproximadamente 9 minutos. Por las condiciones meteorológicas de engelamiento encontradas a esta altitud, la tripulación técnica inició el descenso para el nivel de vuelo FL 140. El cambio de nivel a FL 140 tomó 5 minutos, durante esta fase de vuelo las condiciones de formación de hielo se incrementaron de modo progresivo.

Una vez nivelado con FL 140, las condiciones de formación de hielo eran severas. La aeronave voló aproximadamente 2 minutos en actitud de vuelo recto y nivelado, incrementándose la acumulación de hielo en la misma. A continuación, el avión adoptó una actitud anormal de vuelo en condiciones de pérdida de sustentación. En esas condiciones, la tripulación no pudo recuperar el control de la aeronave, por lo que se precipitó a tierra y resultó destruida. El impacto se produjo en una zona árida y despoblada ubicada en la provincia de Río Negro.

Para una mejor comprensión de las condiciones en que se produjo el accidente, a continuación, se transcribe el análisis y conclusiones expuestas por el organismo de investigación de la República Argentina (JIAAC – Junta de

Investigación de Accidentes de Aviación Civil), ente encargado de llevar a cabo la investigación, con colaboración de las autoridades de investigación de Suecia (SHK), como Estado de diseño y fabricación de la aeronave, y el organismo de los EE. UU. (NTSB) como Estado de diseño y fabricación de los motores.

• La aeronave nunca alcanzó el nivel de vuelo deseado de FL 190. La tripulación no utilizó la potencia remanente disponible para intentar alcanzar ese nivel de vuelo

• No se registraron cambios significativos de potencia, luego que la aeronave alcanzó el nivel de vuelo 140.

• La tripulación reconoció en todo momento del vuelo el fenómeno de formación de hielo.

• Según la información meteorológica al momento del despegue se pronosticaba engelamiento débil.

• La aeronave encontró condiciones de engelamiento severo en la ruta.

• Durante la mayor parte del vuelo en condiciones de formación de hielo, la velocidad indicada que se registró era inferior a las velocidades recomendadas por el fabricante para ese tipo de condición.

• La tripulación no utilizó la potencia máxima disponible para aumentar la velocidad al primer indicio de situación de pérdida.

• La aeronave entró en pérdida de sustentación debido a una reducción progresiva y prolongada de la velocidad, en combinación con la formación de hielo, sin que se registraran acciones correctivas efectivas por parte de la tripulación.

• Ante la inminencia de la pérdida de sustentación, se activaron adecuadamente los sistemas de alarma (sistema vibratorio de comando de vuelo).

Como puede verse en el análisis del presente caso (transcripción de alguna de las conclusiones más relevantes del informe oficial), la tripulación mostró dificultades en la resolución conjunta de las situaciones críticas en vuelo; en cuanto a la toma de decisiones, en cuanto al desarrollo del vuelo con acumulación de hielo, el reconocimiento de la criticidad de la situación, la utilización del piloto automático, gestión de la potencia, entre otros aspectos. Sin embargo, no es ético abrir un juicio de valor sobre los pilotos, ya que esta tripulación se encontraba operando en un contexto organizacional que indujo a una valoración inadecuada del riesgo, una toma de decisiones no asertiva, etc.

El hecho de no contar con formación y entrenamiento adecuado en la gestión de amenazas tan críticas en una aeronave turbohélice (vuelo en condiciones de formación de hielo), condicionó aún más la seguridad de la operación.

Gestión del Riesgo

Como profesionales de la aviación, convivimos con riesgos en todo momento que ejercemos esta actividad. Como seres humanos padecemos la misma situación, pero con la salvedad que podemos evitar un riesgo sin pensarlo ni analizarlo, solo evitando continuar con una determinada situación. En cambio, como pilotos profesionales nos vemos en la necesidad de afrontar ciertos riesgos para llevar a cabo nuestras tareas. Partiendo de la base de que el vuelo es una situación de riesgo en sí misma, convierte a nuestro hábitat laboral en una situación continuamente riesgosa y es por tal motivo que se han desarrollado sistemas de gestión o control de riego.

Cada piloto conoce o debería conocer sus propios límites y los de la aeronave que opera. Pero en ciertas circunstancias se sobrepasan esos límites por haber realizado una mala interpretación del riesgo que decidimos asumir. Para evitar estas situaciones se han creado sistemas de gestión y manejo del riesgo en la aviación.

La Administración del Riesgo Operacional permite visualizar a tiempo los peligros, para poder administrar los riesgos y tal vez, generar la conciencia situacional necesaria para no ir a volar a ciegas, solo confiando en que si algo pasa, estemos listos para actuar. Este sencillo método consta de cinco pasos muy útiles, veamos:

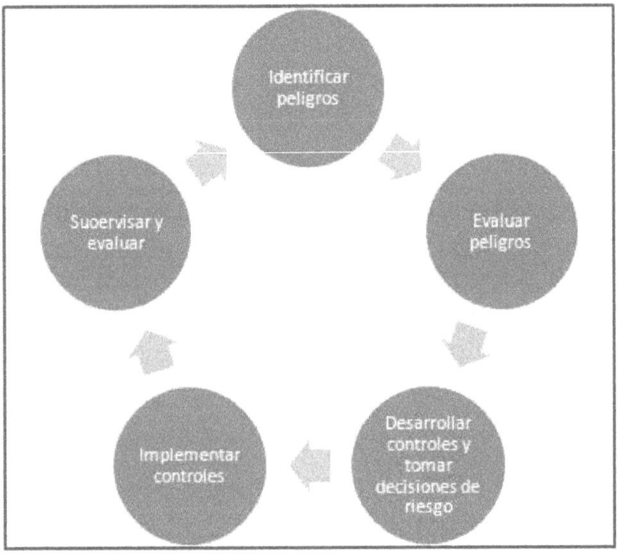

- **Identificar Peligros**

Realizar un análisis operacional. Esto implica hacer una descripción de los eventos que se espera ocurran durante la operación; si es necesario, es viable dividirla en sub/elementos y completar un análisis preliminar de los peligros, al final es importante mencionar los distintos peligros que podrían resultar en accidentes o incidentes.

Veamos ejemplo: imaginémonos que vamos a volar hacia un aeropuerto de altura como el de la ciudad de Salta (Argentina) por ejemplo, en época lluviosa, donde generalmente la adrenalina fluye por montones cuando aproximamos sabiendo que estamos entre montañas, que nuestros motores no responden como quisiéramos y que debemos hacer todo con la mayor precisión posible. Lo más seguro es que lo primero que vamos a considerar frente a esta tarea operacional es preguntarnos: ¿Con quién volaremos? ¿Estará habilitado? ¿O actualizado? ¿Cómo estarán las condiciones meteorológicas? ¿Cómo estarán nuestros equipos? ¿Tenemos el radar disponible? ¿Estará la pista contaminada? Y muchas otras preguntas que requieren respuestas. A ese efecto entonces, hagamos lo recomendado: un listado de todo lo que se supone haremos, paso a paso y vamos revisando esas preguntas, lo más seguro es que al final del proceso, tendremos no solo respuestas, sino que habrá más claridad en aquellos peligros que deban ser administrados.

- **Evaluar los peligros**

Evaluar el impacto de cada peligro en términos de probabilidad y severidad. La evaluación en esos términos permite convertirlos en riesgos que ahora deben ser administrados.

De cada peligro encontrado, al considerarlo en términos de cuan probable es que suceda y si ocurre cuales serían las consecuencias, tendremos una mejor idea de que es lo que hay que hacer si es que algo de esto aparece, tendremos incluso una razón lógica para abortar la misión. Por ejemplo, si Salta esta sin ILS (Sistema Instrumental de aterrizaje de Precisión), estaremos obligados a realizar una aproximación de no precisión a través de nuestro VOR. Esta operación podría darnos errores aceptables de hasta 3 grados. Sumado a ello, si las condiciones meteorológicas no son adecuadas, es factible que se presente un accidente CFIT (*Control Flight Into Terrain*). El resultado sería catastrófico y no solo tendrá un impacto negativo en la misión sino también a futuro de la empresa o institución ...

entonces ¿Entrar a Salta, será una decisión correcta? ¿Qué definiría entrar o no? ¿Quién toma la decisión? ¿Qué hacemos?

Con el fin de poder evaluar todas las variables y definir el nivel de riesgo de una situación, se han creado matrices de análisis y cuantificación del riesgo, en función de la probabilidad de que un evento suceda y a las consecuencias que podría tener. Veamos:

		PROBABILIDAD				
		Raro	Poco probable	Posible	Muy probable	Casi seguro
CONSECUENCIAS	Despreciable	Bajo	Bajo	Bajo	Medio	Medio
	Menores	Bajo	Bajo	Medio	Medio	Medio
	Moderadas	Medio	Medio	Medio	Alto	Alto
	Mayores	Medio	Medio	Alto	Alto	Muy alto
	Catastróficas	Medio	Alto	Alto	Muy alto	Muy alto

Analizando el gráfico, podemos suponer que una situación sería de BAJO, MEDIO, ALTO o MUY ALTO riesgo, y con base a este resultado, actuar en consecuencia tomando todas las medidas de seguridad que se crean necesarias. Veamos un ejemplo:

		PROBABILIDAD				
		Raro	Poco probable	Posible	Muy probable	Casi seguro
CONSECUENCIAS	Despreciable	Bajo	Bajo	Bajo	Medio	Medio
	Menores	Bajo	Bajo	Medio	Medio	Medio
	Moderadas	Medio	Medio	Medio	Alto	Alto
	Mayores	Medio	Medio	Alto	Alto	Muy alto
	Catastróficas	Medio	Alto	Alto	Muy alto	Muy alto

Volviendo al ejemplo del ILS del aeropuerto de Salta, evaluamos la posibilidad de que el sistema ILS del aeropuerto permanezca fuera de servicio y lo consideramos POSIBLE. Luego evaluamos las consecuencias que podría tener la operación y la consideramos MENORES. Uniendo estas dos variables consideramos que volar hacia el aeropuerto de Salta presenta un RIESGO MEDIO.

Desarrollar Controles y Tomar decisiones de Riesgo

Es necesario desarrollar medidas que controlen, reduzcan o eliminen el riesgo. Para nuestro caso en particular, podemos adoptar las siguientes medidas:

- Prever una mayor carga de combustible, asumiendo la posibilidad de realices "esperas" sobre el aeropuerto

- Evaluar los aeropuertos de alternativa más cercanos.

- Comunicarse con el aeropuerto de salta antes de partir y consultarle sobre el estado de la reparación del ILS. Siempre debe considerarse el estado de los NOTAMS.

- Establecer condiciones mínimas meteorológicas más restrictivas que las tradicionales para realizar una aproximación con límites más conservadores.

- Comenzar a operar los conceptos del criterio de *Go or No GO*, donde se establecen las condiciones mínimas para realizar el vuelo. Estas condiciones suelen ser técnicas tanto del avión y de la tripulación como de las instalaciones de los aeropuertos de salida, alternativas y destino.

Implementar Controles

Lo más útil es escribir un procedimiento operativo normal o estandarizado. En el caso que la operación fuera circunstancial, escribir entonces un procedimiento operativo especial. Normalmente las líneas aéreas suelen tener contemplada la posibilidad de operar bajo ciertas restricciones y las detallan en sus respectivos manuales de procedimientos. Recordemos que mientras más información tengamos, mejores decisiones se toman.

Supervisar y Evaluar

Apegarse a los procedimientos y evaluar los resultados suele ser una eficaz manera de manejar riesgos. Verificar si estos procedimientos realmente controlan o minimizan los riesgos, y de no ser así, se deberá evaluar nuevamente cada paso o acción tomada, modificándola a criterio en busca de un mejor resultado.

Manejo de Fallas y Distribución de Tareas

Una de las cuestiones menos tratadas en los procesos de instrucción para aviones multi-motor es el manejo de fallas y la distribución de tareas entre los dos pilotos. Al momento de presentarse una falla en vuelo, es común encontrar a una tripulación que no posee las herramientas adecuadas para manejar la situación. En estos eventos suele resultar compleja la distribución de las tareas, por ejemplo, cuál de los pilotos vuela el avión y cuál de los pilotos intenta resolver la falla, entre las distintas variables de distribuciones de tareas posibles.

Las fallas que pueden presentarse en un avión multi-motor de pequeño porte no presentan gran carga de trabajo para los pilotos, ya que estas aeronaves no poseen sistemas lo suficientemente complejos como para generar una alta carga de trabajo en la resolución del conflicto. Pero a medida que la aviación ha crecido, también lo han hechos los aviones y sus sistemas, y con este crecimiento llego la complejidad de la resolución de conflictos. En aeronaves comerciales de gran porte, una resolución de falla puede llegar a tener hasta entre 15 y 20 ítems a realizar, todos expresados en los manuales de cada avión.

Es por esta razón, que tanto los fabricantes como las grandes compañías, han dispuesto un orden lógico para la resolución de conflictos en vuelo. En esta oportunidad, intentaremos adaptar este orden lógico a nuestros aviones de pequeño porte.

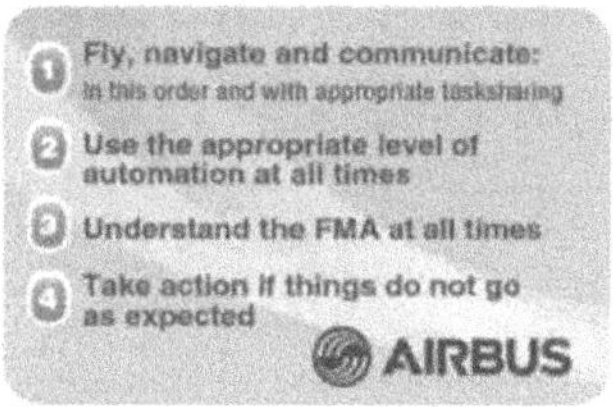

Lo primordial, en cualquier avión que volemos y ante una situación de conflicto, ¡es volar el avión! Parece una cuestión simple que resultaría irrelevante mencionar, pero no lo es tan así. Intentando enfatizar en estas cuestiones, el fabricante Airbus posee las conocidas como “Golden Rules” o reglas de oro, que no son ni más ni menos que un orden de prioridad en la operación. Veamos:

Para este caso nos vamos a enfocar únicamente en la primera de estas reglas de oro de Airbus, que menciona lo siguiente:

“¡Volar, Navegar y Comunicar” en ese orden y con la apropiada distribución de tareas!

Siguiendo esta regla de oro, la razonamos de la siguiente manera: sea cual sea la falla que se nos presente, lo primordial será volar el avión para asegurarnos mantener el control del mismo. Una vez que el vuelo está controlado, es momento de seguir navegando por el camino que creamos más correcto y, por último, con el avión y vuelo controlado, llega el momento de comunicar con el control para advertirles de la situación. Aquí Airbus menciona: ***“con la apropiada distribución***

de tareas", y es en este punto donde basaremos nuestro estudio en esta sección.

¿Comencemos aceptando la idea de que ante una situación de emergencia, delegar tareas es una forma de alivianar nuestro trabajo, pero en este caso, quien hace cada cosa y como lo determinamos?

Normalmente antes de cada vuelo es común realizar un briefing de despegue donde se debería determinar el rol a seguir por cada piloto en caso de un evento atípico. Lo mismo sucedería durante el tramo de crucero con el respectivo briefing para este tramo. Y lo mismo sucedería en el descenso con otro briefing adicional para tal operación.

Considerando una tripulación de dos pilotos, al momento en que sucede una falla, el piloto que vuela conocido como "*Pilot Flying*" o PF, es el encargado de tomar el control de la situación y gerenciar los recursos de la cabina para llevar adelante la resolución de este conflicto. En ese momento justo donde ambos advierten lo sucedido, el PF debe mencionar que se hace cargo del control y de las comunicaciones, respetando la regla de oro vista anteriormente. El PF asume el control total con el fin de que el otro piloto, conocido como "*Pilot Monitoring*" o PM, se encuentre completamente libre para comenzar a realizar las tareas que el PF le va a solicitar, como ser:

- Leer las listas de chequeo.
- Realizar todos los cálculos necesarios en las tablas de performance.
- Obtener la información meteorológica y analizar los aeropuertos de alternativa.
- Y todas las tareas que sean relevantes para una determinada falla.

Ahora bien, una vez que el PM ha terminado todas las tareas que el PF le ha solicitado, es momento de chequear la situación por parte del PF, quien ahora, debería transferir el control del avión y de las comunicaciones al PM quien pasaría a ser PF por unos instantes. Este cambio se realiza con el fin de que el piloto que no hizo ninguno de los cálculos, pueda chequear los mismos, verificar errores y tomar una decisión. Ese pase del control del avión y de las comunicaciones, parece confuso e irrelevante, pero es un punto clave y fundamental en el manejo de las fallas. Supongamos que el PF original no le transfiere el control al PM y decide seguir al mando, al mismo tiempo chequea las tablas de performance... en ese caso AMBOS pilotos estarían estudiando las tablas y ninguno de los dos le prestaría atención al vuelo, al avión y a lo que pueda suceder. Es por esa razón se ha vuelto mandatorio que uno de los dos pilotos siempre este volando el avión y el otro realice las tareas.

Esta correcta distribución de las tareas suele alivianar la carga de trabajo ante una falla compleja. Pero la gran pregunta es: ¿Cómo se transfiere le control del avión de un piloto a otro?

En este punto en particular no existe reglamento alguno, pero si varios procedimientos establecidos por diferentes compañías donde establecen la metodología correcta para transferir el avión. Siguiendo con la filosofía operacional de Airbus, ellos plantean el siguiente orden para transferir el avión de un piloto a otro.

1) Primeramente se comunica al otro piloto de la intención de transferirle el avión preguntándole si está listo para recibirlo.

2) En un segundo paso hay que mencionar en que condición de vuelo se encuentra el avión para que el otro piloto sepa lo que va a recibir. Por ejemplo mencionar: nivel de vuelo, velocidad, dirección actual, descripción de alguna anomalía si la hubiese y cualquier otra información que el piloto crea relevante para el vuelo.

3) En la tercera instancia, el piloto que recibe la información acepta el traspaso del avión en la condición mencionada y aclara que es él quien

tiene el control ahora. Esta aclaración evitará que ante una determinada situación el piloto anterior quiera maniobrar el avión creyendo que aún está al mando.

4) Por último, una vez que el piloto que ahora es PM ha terminado con sus tareas, decide recuperar el control del avión y le solicita el mismo al actual PF; es quién deberá transferir de la misma manera en que lo recibió.

Veamos un ejemplo práctico de esta cuestión. Volvamos a nuestro destino: Salta. Volando a 5000 pies, en dirección hacia el aeropuerto de Salta, Argentina, con una velocidad de 250 kt, se desarrolla un vuelo normal. Uno de los pilotos es el encargado de las comunicaciones y del monitoreo de los sistemas (PM) y el otro piloto es el encargado de mantener el control del avión y navegar hacia el destino (PF). Repentinamente se dispara una alarma de reserva mínima de combustible. Alertados por esa alarma, el PF se hace cargo del vuelo y de las comunicaciones, que hasta entonces eran responsabilidad del PM. Para tal acción el PF le informa: "Me hago cargo del control y las comunicaciones", para lo que el PM le responde: "Recibido, la comunicación actual es con el control de "Córdoba Radar" en frecuencia 126.5.

En esta primera instancia, el PF sigue la regla de oro y vuela el avión, navega según lo autorizado y le solicita al PM que realice los chequeos que correspondan para verificar el combustible.

Luego de la verificación, el PM le informa al PF que existe una perdida en el tanque derecho y que según sus cálculos les quedan 30 minutos de vuelo. Además, le brinda la información disponible de los aeródromos más aptos y cercanos para un posible desvío. El PF recibe la información pero tiene la obligación de verificarla para poder tomar una decisión. Para esto, debe entregar el avión al PM y le dice: "¿Estás listo para que te pase el control del avión?", el PM le responde que está listo y el PF se lo transfiere: "Te transfiero el avión a 5000 pies, velocidad 250 nudos, en dirección a Salta y en comunicación con Córdoba Radar en frecuencia 126.5". Aquí el PM recibe toda la información y le responde: "Recibido, me hago cargo del control y las comunicaciones" y automáticamente pasa a convertirse en PF.

Esta cuestión de la transferencia de mando, parece ser una idea irrelevante e innecesaria para realizar un vuelo, pero lo cierto es que ante un riesgo, una simple acción como esta, logra minimizar las posibilidades de error en el manejo de una falla y en la distribución de tareas. Ahora bien, las frases elegidas para los diálogos son completamente imaginarias, pudiendo estas ser de la forma que mejor se adapte a la tripulación.

Normalmente las aerolíneas suelen tener una fraseología estándar para vuelos normales y anormales. Esta fraseología respeta el mismo orden universal que hemos visto hasta ahora, un piloto vuela y el otro realiza las tareas, nunca los dos una misma cuestión.

En este caso en particular, Airbus buscó una homogeneidad en la fraseología para el traspaso de mando y en las flotas de Airbus en casi todo el mundo se suele mencionar de la siguiente manera:

"I have control and communication", "You have control and communication".

Gestión de las Amenazas. *Daños por objeto extraño (FOD)*

El daño por objeto extraño (FOD, por su acrónimo en inglés) es un riesgo que afecta tanto a aeronaves de gran porte, como a aeronaves livianas de instrucción o deportivas. Es una variable que coexiste en todo aeropuerto, lugar de operación, áreas de aproximación o aérea de despegue. Para comenzar a describir los riesgos y consecuencia de los FOD, es conveniente identificarlos de acuerdo con su origen, para poder establecer acciones de mitigación eficaces en cada uno de los casos.

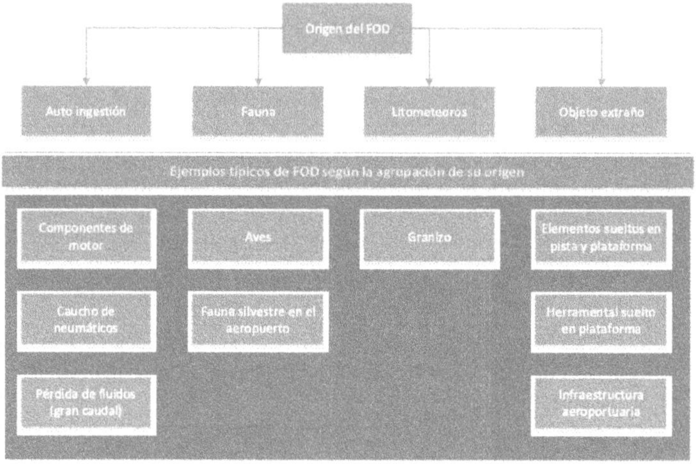

Con el objeto de estudiar el comportamiento de la tripulación en los aspectos referentes al factor humano, veamos un accidente que se dio por la ingesta de FOD, afectando a sus dos motores y generando la detención de los mismos.

Caso de estudio: *Amerizaje en el Rio Hudson de* US Airways.

El 15 de enero de 2009 US Airways tenía programado el vuelo regular AWE1549 que partía desde el Aeropuerto de La Guardia, New York, con destino a al Aeropuerto de Seattle-Tacoma, con una escala intermedia en el Aeropuerto de Charlotte, Carolina del Norte. Para la operación, US Airways dispuso de uno de sus Airbus A320. A bordo de la aeronave se encontraban cinco tripulantes y 150 pasajeros. Al mando de la aeronave se encontraban el Capitán Chesley Sullenberger y el primer oficial Jeff Skiles, quienes luego del accidente pasarían a ser personalidades reconocidas en todo el mundo.

La aeronave despegó desde la pista 04 de La Guardia (LGA) a las 15:24. Instantes luego, se encontraba en plena senda de ascenso estabilizada, con parámetros normales y sin ninguna dificultad aparente para el vuelo. A las 15:25 el controlador de La Guardia instruyó a la tripulación para que enlace con el control terminal de NYC, a lo que la tripulación conectó cuando tenía 700 pies de altitud en ascenso a 5000. El control indicó al AWE1549 que mantenga el ascenso hasta los 15000 pies; acto seguido la tripulación colacionó adecuadamente la orden.

De acuerdo con el registrador de voces de cabina, a las 15:27 el capitán exclamó "Aves". Un segundo después el CVR registró un sonido de impactos reiterados. De la correlación de estos datos, junto con los del FDR de la aeronave, se pudo determinar que la ingestión con aves se produjo a una altitud de 2818 pies y a una distancia de 4.5 NM al nornoroeste de la pista 02 de La Guardia. A las 15:27 se pudo observar en los registros del FDR como la indicación de N_1 y N_2 de ambos motores comenzó a disminuir, hasta que ambos se detuvieron. La tripulación intentó re encender los motores, incluso hasta con el uso de la unidad de energía auxiliar (APU), sin tener éxito. Segundos más tarde, el capitán exclamó *"mi avión"*, haciéndose cargo por completo de la maniobra que se ejecutaba, mientras instruyó al primer oficial para que ejecute la lista de referencias rápidas (QRH) en los ítems relacionados con pérdida de empuje en ambos motores.

Luego de la ejecución de la lista de procedimientos "Dual *Engine dual failure Check-list*" y no poder conseguir re encender los motores, a las 15:28 el control de LGA ofreció la prioridad para el retorno a la pista 13 de ese aeropuerto, lo que la tripulación respondió ***"no podremos, terminaremos en el Hudson".*** El control de LGA ofreció al AWE1549 otros aeropuertos cercanos y pistas para realizar un aterrizaje de emergencia, sin embargo, según los cálculos de la tripulación y ante la imposibilidad de re encender los motores, no aceptaron las propuestas brindadas por LGA.

A las 15:29hs, el capitán anunció a los pasajeros la decisión de realizar un acuatizaje de emergencia sobre el río Hudson: "*this is the Captain, brace for impact*". A las 15:29 el FDR registró otro intento fallido de re encendido de los motores, la tripulación continuaba intentando restituir el empuje; al mismo tiempo el ATC insistió con la sugerencia de otra de las pistas alternativas, a lo que el capitán respondió ***"vamos a ir al Hudson"***. Con la aeronave ya sobre la Río Hudson, el ATC intentó persuadir al AWE1549 para realizar el aterrizaje de emergencia en el Aeropuerto de Newark que se encontraba a 7 NM lateral a la posición, a lo que la tripulación volvió a afirmar que no contaban con una senda de planeo apta para llegar.

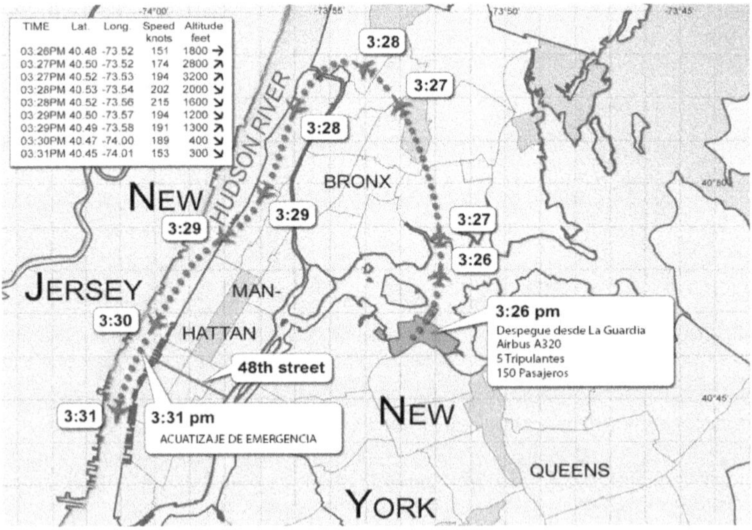

A las 15:30, según el registro del CVR, el primer oficial confirmó la posición de flaps y expresó "250 pies, 170 nudos, no hay empuje en ninguno de los dos". A los quince segundos el primer oficial manifestó: ***"flaps dos, ¿Quieres más?"*** en ese momento la aeronave contaba con 150 nudos de velocidad indicada, el capitán respondió ***"no, quedémonos en dos".*** Ambos pilotos tuvieron una breve conversación acerca de si tenían otras opciones en esa situación, en lo que coincidieron en que no había otra alternativa.

Instantes más tarde la alarma de proximidad con el terreno (GPWS) se encontraba activada, a lo que doce segundos después el primer oficial activó el sistema de notificación a los tripulantes de cabina debido al inminente contacto con el río. Al mismo tiempo, al GPWS emitió la alarma **"50 pies"**; cuatro segundos después el capitán dijo ***"vamos a prepararnos".***

En breves segundos la aeronave hizo contacto con el río Hudson. Inmediatamente, la tripulación ordenó la evacuación de la aeronave. Producto del impacto y la posterior evacuación, una de las tripulantes de cabina y cuatro pasajeros resultaron con heridas de consideración, mientras que otros 95 pasajeros y dos tripulantes resultaron con heridas leves; los restantes 51 pasajeros y ambos pilotos resultaron ilesos.

La supervivencia de los ocupantes de la aeronave no solo estuvo dado por la realización de una maniobra de contacto controlada (a pesar de tener un régimen alto de descenso), sino que también colaboraron la adecuada resistencia y diseño del fuselaje de la aeronave, la serenidad del personal de cabina y la acertividad de los equipos de rescate. Durante los primeros momentos del rescate, participaron de la operación nueve buques civiles turísticos y de transporte que propiciaron la rápida evacuación de personas ilesas.

Uno de los factores determinantes de tal hazaña fue la experiencia de la tripulación. El capitán, ex piloto militar de amplia experiencia y con más de 19.000 horas de vuelo en su carrera. Por su parte, el primer oficial de 49 años, también con una amplia experiencia y más de 15.000 horas de vuelo en su carrera.

La investigación fue llevada a cabo por la NTSB de Estados Unidos, quienes concluyeron lo siguiente:

Si bien la tripulación no pudo llegar a completar la lista de procedimientos "*Engine Dual Failure Checklist*" de la QRH, la ejecución de esta fue la acción más compatible con la situación extrema que se presentó en vuelo.

A pesar de no contar con los motores, la tripulación encendió el APU hecho que permitió contar con el sistema de electricidad principal y los comandos de vuelo en modo "*ley normal*"; que mantienen las protecciones del sistema.

El capitán tomó la decisión más segura de acuatizar en el río Hudson, ya que sobrevolaba una de las áreas más densamente pobladas del planeta. En la situación de altitud y velocidad que tenía luego de la detención de los motores, no hubiese llegado de modo seguro a ninguna de las pistas cercanas.

Según el análisis de los factores humanos en la cabina, se determinó que, la dificultad que tuvo la tripulación en mantener la velocidad indicada se debió a la carga extrema de tareas y la enorme presión que se generó producto de la emergencia a baja altura.

Según los cálculos realizados durante la investigación, fue acertada la decisión del capitán de mantener flaps en posición 2 para el acuatizaje. La decisión de esa selección de flaps se fundamentó en la experiencia anterior del capitán en la práctica de aterrizajes de emergencia en situación de falla eléctrica total.

La investigación determinó que es necesario mejorar la capacitación y adiestramiento de las tripulaciones en emergencias de doble detención simultánea de motor a baja altitud. Las capacitaciones deberán tender a mejorar las habilidades, la gestión de la carga de trabajo en cabina y optimizar la toma de decisiones.

Como todo proceso de investigación de un accidente de aviación, de él devienen recomendaciones sobre seguridad; sin embargo, este suceso deja una recomendación, que más que recomendación es un consejo de vida para todos los pilotos. La capacitación, el constante adiestramiento, el profundo conocimiento de la aeronave, las capacidades comunicacionales, el liderazgo positivo, y un profundo manejo del CRM son las herramientas con que cuentas los pilotos para la resolución de situaciones críticas como las narradas en los párrafos anteriores. La aeronave fue rescatada en su totalidad y hoy se encuentra exhibida en uno de los museos de aviación más importantes de Estados Unidos.

La "Hazaña del Hudson", como algunos la han llamado, fue un caso emblemático para el CRM y los FFHH. Se trato de una situación donde se dieron todos pasos de un proceso de toma de decisión perfecto y que sumado a una muestra de liderazgo acertada, llevaron a la tripulación al mejor final. Imaginemos por un momento, como se vivieron esos instantes de tensión en la cabina de mando al ocurrir tal situación. Dentro de un ambiente de estrés extremo tuvieron que pasar por cada instancia del proceso de toma de decisión, definieron el problema, lo analizaron, evaluaron las alternativas, optaron por una de ellas y tomar la acción a seguir. Todo esto sobre un liderazgo por parte del capitán, quien tomó el control de la aeronave y un liderazgo por parte del primer oficial quien cedió el control a su compañero de equipo considerando que él podría resolverlo mejor. ¡Así funcionan los EQUIPOS de profesionales! ¡Ambos pilotos les salvaron la vida a todos los ocupantes de la aeronave!

Pasado los primeros días del accidente, la acción de los pilotos resonó a lo largo de todo el mundo, pero no faltaron las críticas y acusaciones de parte de los investigadores, quienes juzgaron a la tripulación por no haber seguido las instrucciones del control y retornar a la pista indicada. El caso se llevó a la justicia norteamericana y luego de extensos análisis y pruebas en simulador por parte de pilotos de Airbus de todo el mundo, se llegó a la conclusión que, si la tripulación acataba las órdenes del control, nunca hubieses llegado a la pista debido a la baja altura y el sobrevuelo de las zonas pobladas.

La NSTB planteó en una audiencia pública el caso y mostró todos los análisis de las evidencias en diferentes simuladores de todo el mundo donde cada tripulación que intento volver a la pista, no pudo lograrlo con éxito. Por tal motivo se dictamino que el accionar de la tripulación, no solo fue el correcto, sino que fue una maniobra audaz llevada a cabo correctamente y con extrema precisión por parte de los pilotos, quienes funcionaron como EQUIPO en todo momento, a pesar de la extrema situación por la que estaban pasando.

Fueron cientos y cientos los reconocimientos, tanto de entidades y organismos aeronáuticos, como del mundo aeronáutico en general. Una de las muestras de gratitud y respeto a la tripulación del AWE1549 fue de parte del fabricante de cartografía aeronáutica JEPPESEN, quien tuvo el gesto de diseñar una "Carta de Aproximación" al Rio Hudson en honor a los pilotos y su hazaña.

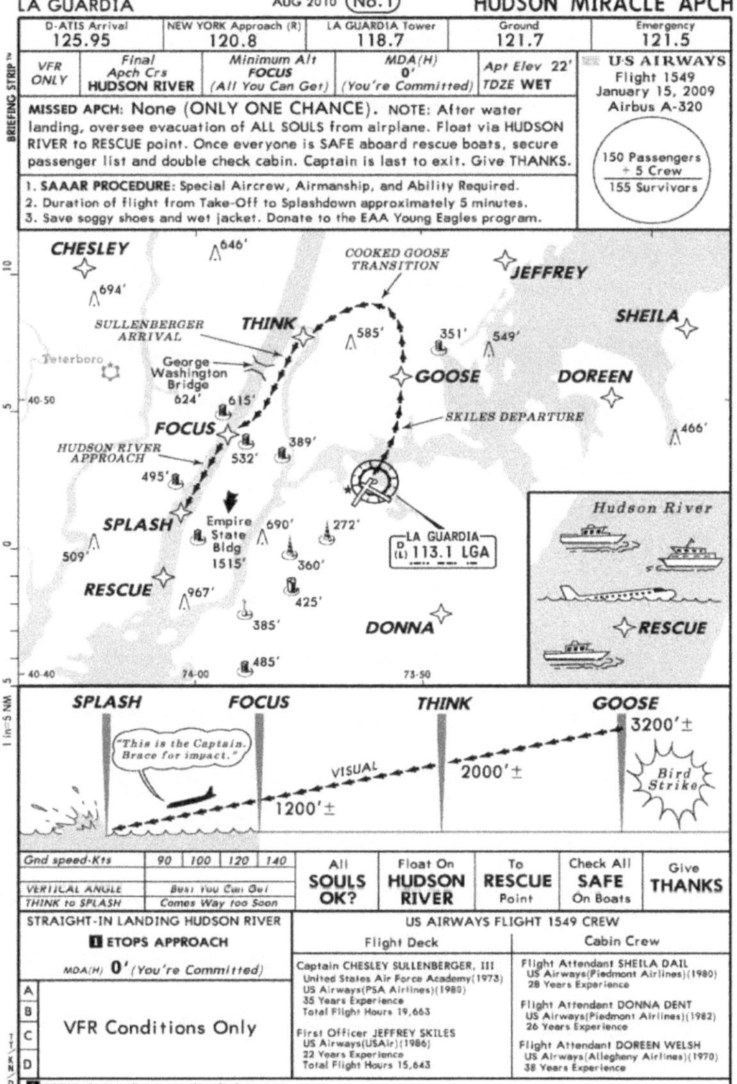

Continuando con los casos de estudios, veamos otro accidente que resonó en el ambiente aeronáutico y analicemos los aspectos del CRM intervinientes en él.

Caso de estudio: *colisión en vuelo, lago Constanza Alemania.*

El primero de julio de 2002 tuvo lugar la colisión en vuelo (fase de crucero) de mayor envergadura en la historia de la aviación. El accidente se produjo en un sector del espacio aéreo entre Alemania y Suiza. En esa ocasión un Tupolev 154M operado por Bashkirian Airlines con 60 pasajeros y 6 tripulantes a bordo, colisionó con un Boeing 757 de DHL al mando de dos tripulantes y con bodega completa de carga. Producto del impacto, ambas aeronaves resultaron destruidas sin que se registraran sobrevivientes.

El Tupolev 154 M se encontraba realizando un vuelo de pasajeros que cubría la ruta Barcelona – Moscú. Por su parte, el 757 de DHL cubría la ruta Bahrein – Bruselas. La colisión en vuelo se produjo a las 21:35 hora local de Alemania. Al momento del suceso se presentaba una noche apacible, sin fenómenos significativos; por lo que una gran cantidad de testigos pudieron observar la explosión en el cielo. Como la colisión se produjo en espacio aéreo alemán, la BFU, organismo de investigación oficial de ese Estado, fue la encargada de llevar a cabo la investigación. El proceso de análisis del suceso se llevó a cabo a través de la información obtenida de los registradores de vuelo, sistemas TCAS e información proveniente de los servicios de gestión del tránsito aéreo; como fuentes principales de datos para la investigación.

Las dos aeronaves sobrevolaban una noche tranquila sin fenómenos meteorológicos que afectasen la operación. Por parte de la tripulación del Tupolev, en el CVR se registraron efusivas discusiones entre los pilotos sobre el indicador de velocidad vertical del lado izquierdo, el cual pareciera tener inconvenientes técnicos. Seguido a esto, la aeronave adoptó un ángulo de rolido de 10° e inició un viraje al rumbo 264°, apartándose de su trayectoria prevista por el control. Segundos más tarde se disparó la alarma del TCAS y advierte "Traffic, Traffic", indicando la proximidad con otro tránsito, pero sin dar una orden de desvío.

Al mismo tiempo en el B757 de DHL se activó la misma alarma indicando la proximidad del Tupolev a su trayectoria de vuelo. Seguidamente, el control de tránsito aéreo le indicó al Tupolev un descenso inmediato por tránsito en trayectoria de colisión, mientras que en el B757 seguía la alarma del TCAS indicando "Traffic, Traffic" en reiteradas ocasiones. Segundos después, el sistema TCAS del B757 da la orden de "DESCENT, DESCENT". Por su parte el sistema TCAS del Tupolev, indicaba la orden de "CLIMB, CLIMB", con el fin de evitar la colisión. En ese preciso instante el copiloto del Tupolev, quien estaba descendiendo según las instrucciones del control, exclamó: "El TCAS indica ASCENSO y nosotros estamos descendiendo. ¿Ascendemos"?

Mientras tanto en el B757, el CVR registró el dialogo entre los pilotos en ese preciso momento: "Trafico a la derecha (PF)", "Si lo veo (PNF)", y seguidamente un incremento aún más de descenso a 2600 ft/min.

En cuanto al Tupolev, el capitán tomo el control, canceló el descenso ignorando las indicaciones del control e intentando seguir las indicaciones del TCAS que le solicitaban ascender desde hace unos segundos. En ese instante tiró bruscamente de los comandos hacia atrás y llevó a la aeronave a una actitud de ascenso de 2000 ft/min, aunque no fue suficiente ya que la demora de su reacción acercó su aeronave demasiado al B757 de DHL. En ese instante la aeronave se desvió 10° más de su rumbo y mientras que el TCAS indicaba "INCREASE CLIMB" una y otra vez, la reacción del capitán fue demasiado tarde y se produjo la colisión. El Tupolev colisionó con el B757 golpeando a este por el medio del fuselaje.

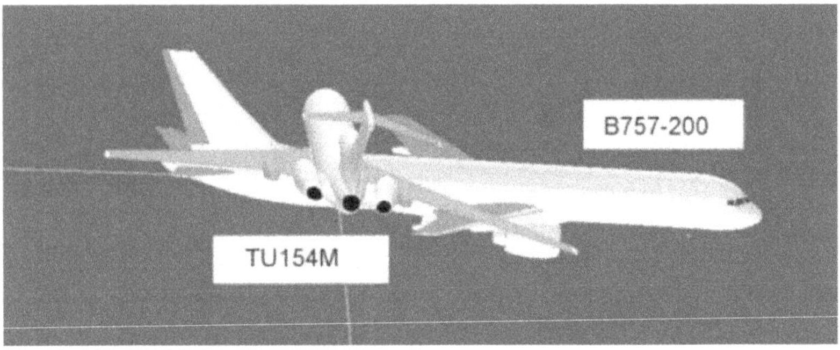

Los restos de ambas aeronaves cayeron dispersos en la zona de Lago Constanza, sobre territorio alemán. La dispersión de ambas aeronaves ocupó un área aproximada de 350 km de extensión. El fuselaje impactó en una zona de bosques, los motores cayeron a unos 2 km del fuselaje.

Luego de una investigación por parte del organismo alemán, se llegó a la conclusión de que, si bien fue a causa del error de operación por parte de los pilotos del Tupolev, existieron otros factores que llevaron a la tripulación a cometer este error. Veamos:

Por un lado la tripulación del TU-154 no recibió instrucción práctica en el uso del TCAS II, ya que los simuladores de esa aeronave no disponían de la tecnología para el uso de TCAS II. El manual de operaciones del TU-154, en cuanto al uso del TCAS II expresa que ante una situación de conflicto inminente con otro tránsito debe darse prioridad a las órdenes del control de tránsito aéreo que correspondiere. Esta acción requerida pareciera ser un error, ya que normalmente y ante estos casos críticos, la instrucción del sistema TCAS siempre debe tener prioridad ante cualquier otra instrucción.

Por su parte, el copiloto del Tupolev cuestionó en dos oportunidades la indicación del control y sugirió que el capitán siga las instrucciones del TCAS. Por parte del DHL, demoró 23 segundos en reportar la indicación de la activación del TCAS al control, quien hubiera alertado de la situación de forma temprana y con mejores resultados.

Ahora bien ¿Qué factores determinantes fallaron respecto del CRM y sus diferentes variables? Por un lado, se observa una carencia en el conocimiento de los procedimientos del sistema TCAS por parte de la tripulación del Tupolev. Este hecho descarta en una pérdida de conciencia situacional de lo que realmente sucedía y de las acciones a seguir. Por otra parte, se evidencia una falta de liderazgo por parte del capitán del Tupolev, quien desestimó las sugerencias del copiloto, y luego de haber generado una discusión entre su tripulación, creó un clima tenso y hostil entre los ocupantes de la cabina.

Si bien todos estos factores llevaron a que se de este accidente, hubo uno en particular que pasó desapercibido pero que dejó en evidencia las carencias sobre la materia del CRM y FFHH. Esa variable fue la errónea toma de decisión. El proceso falló por completo, y alteró erróneamente la acción de seguir las instrucciones del control, a sabiendas de que, la otra aeronave también estaba en descenso (según la indicación del TCAS). Ese mismo proceso que en el caso anterior de la hazaña del Hudson fue correctamente desarrollado, aquí presento discrepancias y ¡condujo a un accidente donde todos perdieron la vida!

Caso de estudio: gestión de una amenaza técnica, pérdida de la conciencia situacional.

El 2 de octubre de 1996 la empresa Aeroperú tenía programado el vuelo PLI 603 que cubría la ruta entre el Aeropuerto Internacional Jorge Chávez (SPJC) en la ciudad de Lima, Perú y el Aeropuerto Internacional Com. Arturo Merino Benitez (SCEL) de la ciudad de Santiago de Chile, Chile. Para el vuelo, el explotador dispuso de la aeronave Boeing 757 que se ve a continuación.

El vuelo regular PLI 603 llevaba a bordo nueve tripulantes y 61 pasajeros. El capitán del B757 era un piloto de transporte de línea aérea que contaba con más de 9000 horas de vuelo en la aeronave, además se desempeñaba en la Empresa como Jefe de Línea Boeing y Jefe de Pilotos.

El vuelo tenía previsto su despegue de la pista 15 del aeropuerto de Lima. El B757 se alineó en pista y con la autorización para el despegue, aplicó todo el empuje a sus motores para iniciar la carrera de despegue. La velocidad comenzó a incrementarse y la comunicación entre los pilotos fue precisa en cada momento, anunciando cada velocidad critica por parte de un piloto y confirmando verbalmente por parte del otro piloto. La aeronave comienza a recorrió la pista 15, pasó los 80 nudos, pasó la V_1, luego la rotación, despegaron y en ese instante el capitán indica mantener la velocidad de V_2 + 10 kt. Trece segundos después, aun en pleno despegue, se activa la primera alarma, el copiloto exclama y el capitán responde:

Copiloto: *"Oye se han apagado los altímetros"!*
Capitán: *"Esto es nuevo eh! Mantén V_2 + 10"!*

En ese instante la torre de control lo transfiere con el control de salida para un cambio de frecuencia y el dialogo en la cabina sigue:

Capitán: *"V_2 + 10 kt, V_2 + 10 kt"!!!*
Copiloto: *"La velocidad, no se qué sucede"*
Capitán: *"Por eso pues, V_2 + 10 kt! ¿Qué pasa, no trepa?*

En ese preciso instante el capitán indicó virar a la derecha, pero la aeronave siguió sin obtener su actitud de ascenso. Continuaron insistiendo con la velocidad optima de ascenso, pero la aeronave no respondía, por lo que decidieron aplicar mayor empuje y, aun así, los instrumentos primarios siguieron sin indicar una velocidad y una altitud creciente.

Segundos más tarde, el capitán decidió continuar el vuelo por la indicación de los instrumentos básicos de la aeronave (usualmente en stand by), pero los mismos tampoco responden. ¡En ese momento y ya sin nada más que hacer, el capitán se declaró en emergencia indicando la falla de velocímetros y altímetros en su totalidad!

Ya en esta instancia la tripulación se encontró volando completamente a ciegas, sin indicación de velocidad ni de altura. El clima en la cabina se tornó extremadamente tenso, los audios que se pudieron recuperar del CVR describen las exclamaciones del capitán intentando buscar una respuesta, pero sin lograrlo. Durante todo el vuelo lograron mantener contacto radial con la torre de control quien intentó guiarlos para que lleguen a la pista. Los pilotos seguían las indicaciones del control pero aun sin entender que estaba sucediendo:

Capitán: *"No entiendo que pasa pues, estamos con toda la potencia y sin velocidad"*

La aeronave seguía bajando peligrosamente hacia el terreno y segundos más tarde se activó la alarma GPWS (Ground Proximity Warning System) que indica la proximidad con el terreno. Sin lograr interpretar la situación, los pilotos tiraron de los comandos para lograr ascender y evitar la proximidad a un terreno que no podían ver pero que sabían que estaba ahí por la activación de la alarma. Instantes después el control los guía hacia una zona despejada, sobre el océano, pero la aeronave sigue sin control y se activa la alarma de OVERSPEED indicando que estaban con un exceso de velocidad a causa de estar volando en descenso y a máxima potencia aplicada. Breves instantes después, tarde el control escucha por la frecuencia de radio el impacto de la aeronave en el océano.

El impacto de la aeronave se produjo en la costa marítima de la ciudad de Lima, Perú, a una distancia de 48 NM sobre el radial 288 del Aeropuerto Jorge Chávez. La aeronave resultó destruida y no hubo sobrevivientes entre la tripulación y pasajeros.

Durante el proceso de rescate de los restos e investigación inicial, el grupo de trabajo detectó rápidamente que las tomas estáticas de fuselaje se encontraban cubiertas de cinta de enmascarar. material utilizado durante tareas de limpieza, o pintura del fuselaje.

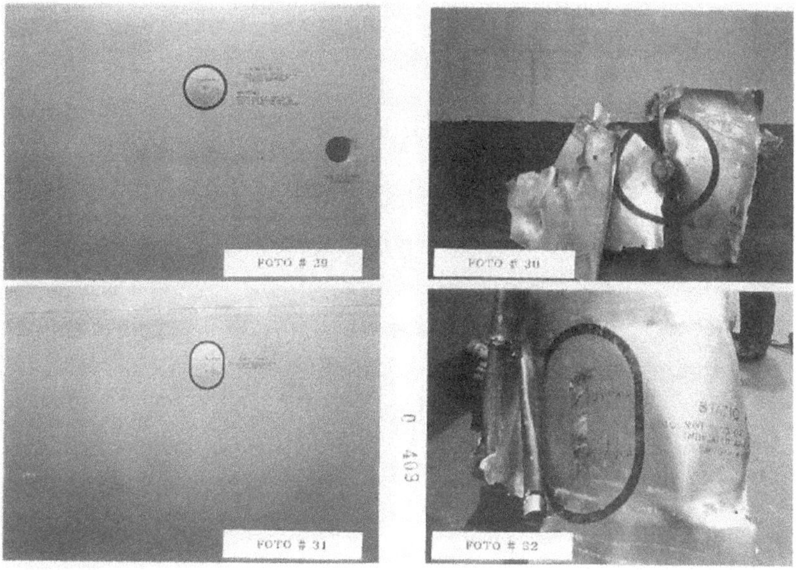

Del análisis de la documentación y tareas de mantenimiento, la comisión de investigación halló que la aeronave había sufrido una ingestión de objetos extraños y pájaros un tiempo atrás del accidente, por lo que se había programado realizar un pulido del sector ventral delantero del fuselaje, hecho que habría requerido la utilización de cinta protectora para evitar que se obstruyan los puestos estáticos.

De las conclusiones y causas expuestas en el informe final desarrollado por la autoridad de investigación del Perú se destacan los siguientes puntos:

"El piloto al mando realizó una serie de errores y omisiones que generaron factores potenciales del accidente que provocaron una situación de emergencia conocida como CFIT que desencadenaron en siniestro ocurrido en el mar frente a las costas de Lima. A todo esto, se suma lo siguiente:

1. El personal que efectuó el trabajo de pulido, atendiendo a la evidencia encontrada no removió la cinta adhesiva protectora al concluir su trabajo, quedando así obstruidas las tomas estáticas.

2. La posible falla del personal del control de calidad al no supervisar el final del trabajo realizado.

3. La sustitución del supervisor principal por enfermedad por otro supervisor que designó al mecánico de línea encargado de atender la aeronave en la plataforma de embarque no hizo la inspección visual de manera correcta.

4. Falla en la inspección visual pre vuelo de la tripulación, al no detectar la presencia de cinta adhesiva en los puertos estáticos.

5. Evidencia de visión de túnel y obnubilación cerebral de la tripulación técnica, por exceso de secreción de adrenalina."

Lo que deja la catástrofe

No es la intención responsabilizar a nadie, simplemente, es necesario poner de manifiestos estos hallazgos, con conclusiones nefastas, con el objetivo de concientizar acerca del valor de cada una de las defensas que existen en la industria. No hay inspección, procedimiento, ítem, ni tarea que sea menor o posea menos importancia, en la seguridad de las operaciones, cada uno de los puntos de ejecución poseen el mismo valor primordial en la construcción de la seguridad.

Con respecto a lo que puede analizarse de la gestión de la emergencia en cabina, se aprecia una falta de coordinación en las tareas. Se presentaron discusiones entre la tripulación, incluso, hasta con el pedido de guía de otra aeronave. Más allá de la criticidad de la emergencia, la tripulación mostró deficiencias en su adiestramiento de gestión de cabina.

Considerando la situación de la aeronave, las respuestas de la tripulación y las acciones que esta ejerció; es plausible afirmar que los pilotos se vieron inmersos en un escenario de pérdida de la conciencia situacional durante largos fragmentos del vuelo. Ya sea que fueron inducidos por la falla de los instrumentos, por la confusión que esta generó o por la falta de referencias; la pérdida de la conciencia situacional afectó en gran medida la toma de decisiones que se llevó a cabo en esa cabina.

El modelo Bow Tie de análisis de riesgos

El análisis *bow tie* es utilizado para exponer un riesgo mostrando un rango de posibles causas y consecuencias. Es usado cuando la situación no amerita la complejidad de un análisis de árbol de fallas completo o cuando el enfoque es asegurar que existe una barrera de control para cada ruta de la falla. Es útil cuando existen rutas claras independientes que llevan a la falla.

Diagrama Análisis Bow - Tie

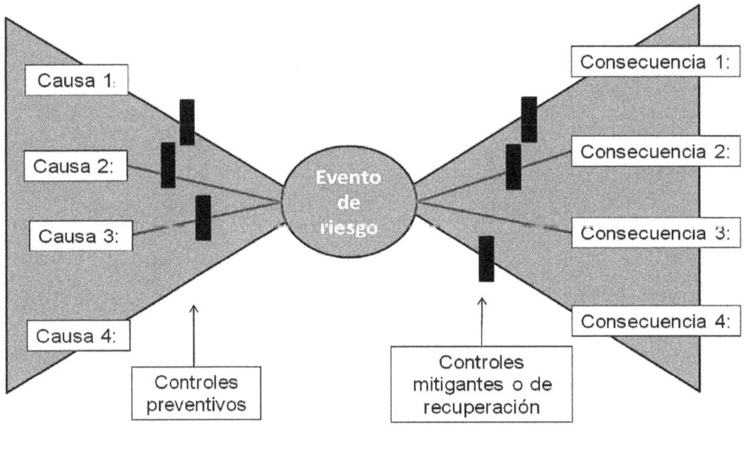

Un modelo donde interviene siempre el factor humano, ya sea en la causa, en el control, o bien posterior al evento, en el intento de mitigación o de recuperación. A lo largo de los accidentes que hemos estado estudiando, podríamos aplicar este modelo y analizar un punto justo donde el factor humano tuvo su punto de quiebre y rompió las barreras para llegar al accidente. Volvamos por un instante al accidente de las paginas anteriores, el vuelo de AeroPerú. En este caso la causa fue clara, la obstrucción de las tomas estáticas, los controles preventivos fallaron al no detectar la causa en tierra. Llego el evento donde los pilotos no tenían lectura de instrumentos y seguido a esto fallaron los controles mitigantes y de recuperación al no identificar la situación por la que estaba atravesando. Como resultado final llego la consecuencia, el accidente.

Recordando el accidente del Rio Hudson, vimos los peligros y la gestión de las amenazas por FOD. Antes de iniciar el análisis del próximo accidente, veamos la brevemente la gestión de otra amenaza letal, el combustible.

Como primera aproximación al tema de gestión del combustible, como una potencial amenaza a las operaciones es útil hacer referencia al modelo de análisis de riesgo de *Bow Tie* publicado por *Flight Safety Foundation (FSF)* en el trabajo "*Normas Básicas de Riesgos de Aviación*"; de acuerdo a este modelo de seguridad, el combustible es considerado como una de las once amenazas críticas para el vuelo de transporte.

Ese documento de FSF individualiza las amenazas vinculadas al combustible, bajo dos entradas distintas, una catalogada como "agotamiento de combustible" y la segunda "contaminación de combustible". Dentro de la categorización de agotamiento, la cantidad de variables que se pueden enumerar, son extremadamente amplias, en el siguiente gráfico se puede observar un análisis resumido de las condiciones técnicas y operacionales de más frecuente ocurrencia que pueden llevar a la materialización de la amenaza de "agotamiento de combustible".

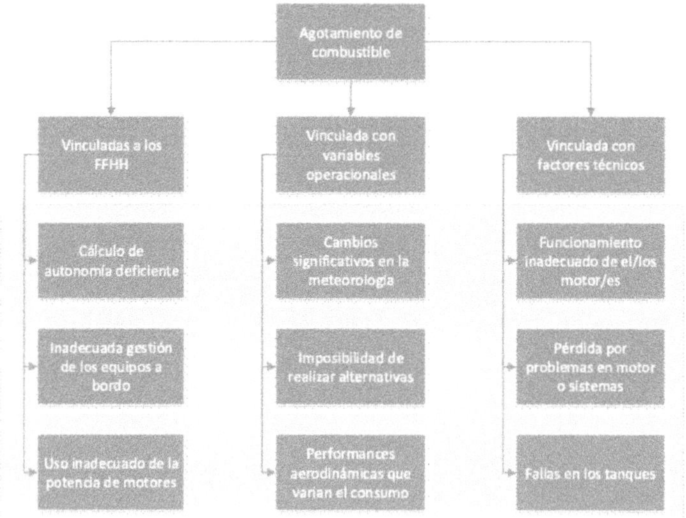

Caso de estudio: *gestión crítica del combustible y el vuelo en emergencia en un Airbus A330 Air Transat.*

El 24 de agosto de 2001 se llevó a cabo el vuelo TSC236 desde el Aeropuerto Internacional de Toronto, Canadá, hasta el Aeropuerto Internacional de Lisboa, Portugal. Para ello dispuso del Airbus A330-243, a bordo se encontraban 13 tripulantes y 293 pasajeros.

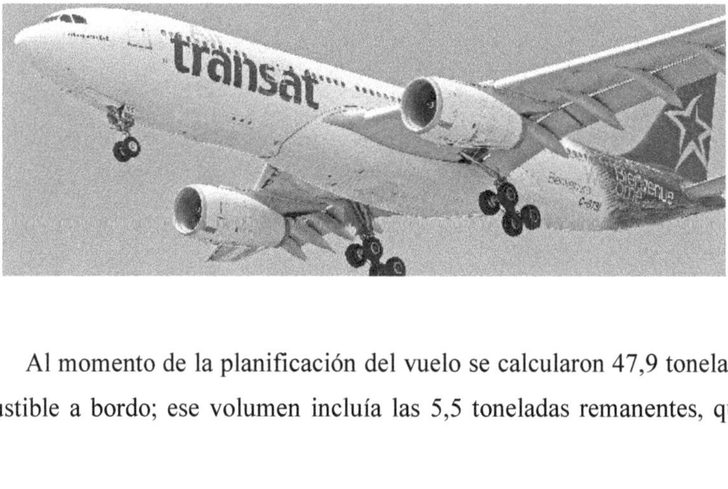

Al momento de la planificación del vuelo se calcularon 47,9 toneladas de combustible a bordo; ese volumen incluía las 5,5 toneladas remanentes, que por cálculo de navegación debería tener a bordo para realizar la alternativa y resolver cualquier improvisto en vuelo. La aeronave repostó el combustible necesario y despegó a las 00:10 UTC. En la siguiente tabla se puede observar el detalle de los cálculos y carga de combustible.

Concepto	*Cantidad (kg)*
Combustible necesario al destino	34 682
Reserva en ruta	1734
Combustible alternativo	2621
Stand-off	2800
Combustible adicional	0
Mínimum brake fuel	41 837
Contingencia extra	5500
Total	47377
Consumo en rodaje	600
Combustible en rampa	47937

El vuelo transcurrió de modo normal hasta las 05:03, momento en que la tripulación observó una indicación anormal en el sistema de aceite del motor dos. La información suministrada por el sistema ECAM (sistema electrónico de información en aviones Airbus) fue transmitida a la base del operador en Quebec. A los 30 minutos del primer indicio de funcionamiento anormal del motor dos, apareció un mensaje de advertencia en el ECAM. Inmediatamente el sistema pasó de modo autónomo a la pantalla "*fuel*" mostrando que existía una condición de desbalanceo en la cantidad de combustible entre los tanques interno izquierdo e interno derecho. La tripulación inició las acciones para controlar el consumo y traspaso de combustible en los tanques. A medida que pasaba el tiempo, el problema persistía y el nivel de combustible a bordo disminuía de modo crítico.

A las 05:45 la cantidad de combustible remanente a bordo ya no era suficiente para alcanzar Lisboa, como destino previsto; por lo que la tripulación debió recalcular su ruta y destino, para realizar un aterrizaje alternativo en el Aeropuerto de Lajes, en las Islas Asores, Portugal. A las 05:48 la tripulación comunicó al control de área de Santa María la decisión de la alternativa, en ese momento la aeronave ya había perdido otras 7 toneladas de combustible.

A las 05:54 el problema persistía y la aeronave tenía cada vez menos combustible. La tripulación seleccionó las bombas de combustible del tanque derecho en ON para alimentar ambos motores y desconectó las del tanque izquierdo. La tripulación continuó advirtiendo por frecuencia HF a su base sobre el inexplicable problema que tenían a bordo, en ese momento el remanente de combustible era de 4,8 toneladas; 12 toneladas menos de las necesarias para alcanzar la alternativa en las Islas Azores. La tripulación no contaba con ninguna indicación de los sistemas que pudieran darles un indicio de donde se encontraba el problema y la pérdida del combustible. La única certeza que tenían era que el combustible estaba “desapareciendo”!

A las 06:13, cuando la aeronave se encontraba con nivel de vuelo FL390 y a 150 millas del Aeropuerto de Lajes, el motor derecho se detuvo. Inmediatamente, la tripulación contactó al control Santa María, informó sobre la situación y comunicó que la aeronave iniciaba un descenso. A las 06:15 la tripulación volvió a comunicarse para notificar que se encontraban con un remanente de 600 kilos de combustible a bordo. A los 7 minutos, el primer oficial declaró el *mayday* por frecuencia.

Al momento que la aeronave se quedó sin sus dos motores, se encontraban volando con nivel FL345 a una distancia de 65 millas de Lajes. A partir de ese punto, se inició un descenso en planeo manteniendo una aceleración vertical lo más baja posible.

Como la aeronave carecía de fuentes de generación de energía, se utilizó como único medio de alimentación la turbina de aire de impacto para uso en emergencia (RAT). Este dispositivo le permitió a la tripulación contar con los instrumentos elementales para el vuelo, continuar con el sistema de radio encendido y tener con el control mínimo indispensable sobre los mandos aerodinámicos.

A las 06:31 el TSC236 fue transferido al control de aproximación de Lajes para que asista con vectores de radar la navegación en planeo. El A330 llegó a 8 millas del procedimiento de aproximación, con 13000 pies, por lo que la tripulación decidió hacer un viraje 360 con el objetivo de perder altitud de modo controlado. Durante el viraje, la tripulación configuró la aeronave con flaps/slats y extensión del tren de aterrizaje.

A las 06:45 cruzó el umbral de la pista 33 e hizo contacto con el terreno a unos 315 metros con 200 nudos de velocidad indicada, por lo que rebotó y volvió a tomar contacto con la pista a unos 850 metros aproximadamente del umbral de 33. A partir de la segunda toma de contacto, se hizo efectiva la eficiencia de máximo frenado requerida por la tripulación. La aeronave se detuvo finalmente a unos 2050 metros desde el segundo toque.

A raíz de la gran fricción y energía térmica liberada durante el frenado, colapsaron 8 cubiertas de todo el conjunto de tren de aterrizaje de la aeronave.

Vista del tren de aterrizaje derecho, con sus ruedas colapsadas producto del daño en el frenado.

Con la aeronave detenida, la tripulación de cabina procedió a la evacuación de emergencia de la totalidad de los ocupantes.

La investigación del suceso fue llevada a cabo por la autoridad portuguesa de investigación, por producirse el suceso dentro de su territorio. Según el informe de investigación, la falla que produjo la pérdida total de combustible comenzó en el motor derecho, justamente, el primero que mostró indicaciones de presión de aceite inadecuada.

El motor derecho sometido a una inspección de chip de partículas metálicas el 15 de agosto de 2001, nueve días antes del evento; donde se encontró acumulación en el tapón magnético principal. Dos días después se registró otra acción de mantenimiento en el sistema de lubricación, donde también fueron halladas partículas metálicas en suspensión. El área de mantenimiento del operador no pudo determinar fehacientemente el origen de las partículas halladas, por lo que se emitió una orden de ingeniería para el recambio completo del motor, "por seguridad".

¡El motor fue removido y cambiado durante la noche del 17 de agosto, siete días antes del evento! Durante el procedimiento de instalación de accesorios y sistemas, se descubrió que la bomba hidráulica trasera (removida del motor que presentó fallas), no podía ser reinstalada en el motor de recambio, debido a la interferencia de un tubo de entrada de combustible a alta presión. Según los técnicos de mantenimiento y sus supervisores, los cambios fueron realizados correctamente y el motor se probó, sin encontrar fallas o discrepancias de parámetros.

El análisis exhaustivo de la aeronave y sus motores revelaron que la falla se produjo por la fractura de la pared resistente del tubo de ingreso de combustible a alta presión en una zona de contacto con una línea de presión de la bomba hidráulica trasera. El colapso del tubo se dio a las 67.5 horas de vuelo de haberse realizado la tarea de recambio del motor y sus componentes.

Con respecto a la gestión de la emergencia que realizó la tripulación, caben hacer algunas consideraciones sobre los focos críticos principales en la toma de decisiones. La concreción exitosa del vuelo y el aterrizaje a pesar de la emergencia fue un logro destacado de ambos pilotos, sin embargo, según reveló la investigación, la tripulación se vio afectada por tres procesos que condicionaron el desempaño operacional y la resolución de la emergencia; ellos son (conclusiones extraídas en función del análisis del audio del CVR):

- La tripulación, si bien reconoció la pérdida de combustible, no llevó a cabo las listas completas de "Fuel Leak Procedure".

- La tripulación asumió una falla en los sistemas electrónicos o fallas en sistemas de aviónica y no consideró la criticidad de la pérdida real y efectiva de combustible hasta tanto no se detuvo el motor.

- No se pudo determinar por qué la tripulación no ejecutó los procedimientos estandarizados para la falla y posterior emergencia. Sin embargo, la resolución operacional del planeo, aproximación y aterrizaje fueron adecuados.

Caso de estudio: Boeing 747, Halifax, Nueva Escocia, Canadá.

El 14 de octubre de 2004 el operador de carga aérea MK Airlines se disponía a realizar un vuelo (MK 1602) desde el Aeropuerto Internacional de Bradley, Connecticut, EE. UU. hacia el Aeropuerto Internacional de Zaragoza en España. La operación tenía planeada una escala intermedia en el Aeropuerto Internacional de Halifax, Nueva Escocia, Canadá. MK Airlines dispuso al Boeing 747-244B/SF matrícula 9G-MKJ para llevar a cabo la operación trans continental.

El vuelo desde Bradley hasta Halifax transcurrió de modo normal. El tramo que unía Halifax con Zaragoza se realizaría con carga de 53 000 kg de pescado y langostas, por lo que sumando la carga de combustible daba un total de 89 400 kg de peso adicional al vacío; por lo que el vuelo fue planificado con un peso al despegue de 353 000 kg. Según la hoja de datos técnicos de certificación (Certificado Tipo: A20WC), este modelo carguero de Boeing 747 posee una capacidad de peso máximo de despegue de 377 840 kg.

La preparación y planificación del vuelo en el aeropuerto de partida, se realizó a través del software BLT del fabricante (*Boeing Laptop Tool – BLT*). Este sistema permite establecer las velocidades y performances del despegue y senda aérea de despegue. Luego de la finalización del tramo Connecticut a Halifax, como se mencionó, se realizó repostado de combustible y embarque de carga paga. En la imagen que se muestra a continuación, pueden observarse los datos y cálculos planificados para la operación que devino en accidente.

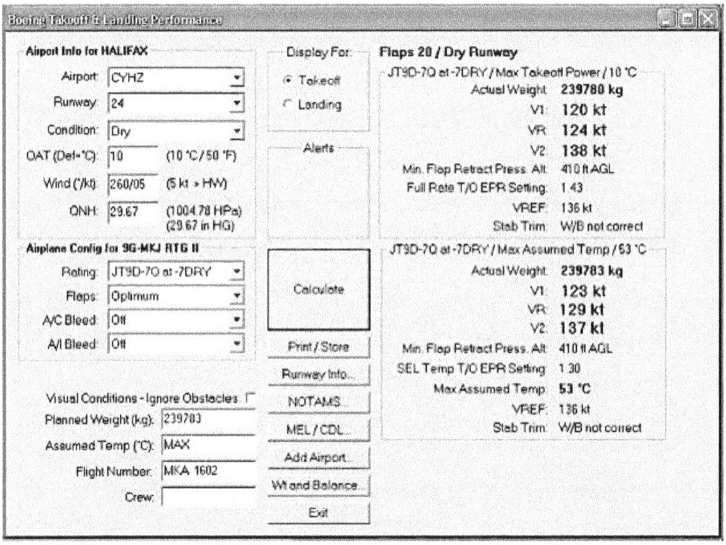

Para el tramo final de Halifax a Zaragoza, según los hallazgos de la investigación llevada a cabo por la autoridad canadiense, el vuelo se planificó con los datos actualizados de meteorología y pista, sin embargo, se utilizó el peso de despegue calculado para el tramo anterior, que era de 240 000 kg. En virtud de ello, el sistema arrojó velocidades y performances de la aeronave distintas a las necesarias para un incremento de peso de 113 000 kg.

Al comienzo de la carrera de despegue, la tripulación colocó las palancas de empuje inactivo (aproximadamente 1.0 EPR) hasta la potencia de despegue, con todas las configuraciones EPR finales que indican entre 1.3 y 1.33. El avión aceleró a través de 80 KCAS (06:53:46) aproximadamente 1800 pies (550 m) desde el umbral. A 130 KCAS, la columna de control se movió hacia atrás a 8.4 ° para iniciar la rotación cuando el avión pasaba la marca de 5500 pies (1680 m) de la pista 24 (3300 pies / 1010 m de pista restante). El avión comenzó a girar. La actitud de cabeceo se estabilizó brevemente a aproximadamente 9° con la nariz hacia arriba, con una velocidad aerodinámica a 144 KCAS. Debido a que el 747 todavía no se había logrado el lift-off, la columna de control se movió más hacia atrás a 10°, y la aeronave respondió con un paso adicional de hasta aproximadamente 11°; el contacto inicial del fuselaje inferior de popa con la pista ocurrió en este momento. El avión estaba aproximadamente en la marca de 8000 pies (2450 m) y ligeramente a la izquierda de la línea central.

La actitud de cabeceo se estabilizó en 11° durante los siguientes cuatro segundos, y el contacto del fuselaje inferior con la pista finalizó. Con aproximadamente 600 pies (185 m) de pista restante, la tripulación incrementó el empuje de motores al 92 por ciento y los EPR aumentaron a 1.60. Con 420 pies (130 m) restantes, el fuselaje inferior de popa entró en contacto con la pista por segunda vez. A medida que el avión pasaba al final de la pista, la columna de control estaba a 13,5° de popa, la altura de inclinación era de 11,9° y la velocidad aerodinámica era de 152 KCAS. El tono más alto registrado en la nariz arriba de 14.5° (06:54:24) se registró después de que el avión pasara el final de la pista a una velocidad de 155 KCAS. El avión se elevó en el aire aproximadamente a 670 pies (205 m) más allá de la superficie pavimentada y voló una distancia de 325 pies (100 m). El fuselaje inferior de popa luego golpeó la base de la antena localizadora del sistema de aterrizaje de instrumentos (ILS). A continuación, la cola del avión se separó en el impacto, y el resto de la aeronave continuó en el aire durante otros 1200 pies (370 m) antes que impactara definitivamente en el terreno y se incendiase.

La Agencia Estatal de Seguridad en el Transporte de Canadá (Transportation Safety Board – TSB), fue la encargada de realizar la investigación oficial. El informe A04H0004 publicado por ese organismo contiene todo el desarrollo y los hallazgos del proceso de investigación. Se recomienda la lectura completa del informe.

A los fines del presente capítulo, a continuación, se exponen los puntos más importantes vinculados a los temas de gestión y preparación del peso y balanceo de la aeronave. Extracto de las conclusiones destacadas del informe de referencia:

"*Conclusiones, hallazgos expuestos como causas y factores contribuyentes.*

- Es probable que se haya utilizado el peso al despegue de Bradley para los cálculos en Halifax, hecho que resultó en una performance inadecuada de despegue, velocidades de despegue incorrectas y uso inadecuado de la potencia de motores.

- Las velocidades de despegue eran demasiado bajas y la configuración de empuje era insuficiente para que la aeronave despegara.

- Es probable que los miembros de la tripulación que utilizaron el sistema BLT, no reconocieran que los datos eran incorrectos para el peso real que tenía la aeronave en Halifax.

- Es muy probable que la tripulación no se haya apegado a los procedimientos del operador para la verificación independiente de los valores de la tarjeta de despegue.

- La tripulación del MK 1602 no llevó a cabo la verificación de posibles errores de acuerdo con los procedimientos operativos estandarizados del operador, por lo que los valores erróneos no fueron advertidos en ningún momento.

- La fatiga de la tripulación probablemente incrementó la probabilidad de error durante el cálculo de despegue.

- La fatiga de la tripulación, combinada con el entorno de despegue oscuro, probablemente contribuyó a la pérdida de la conciencia situacional durante la carrera de despegue. En consecuencia, la tripulación no reconoció que las performances de despegue eran inadecuadas para la maniobra.

- El fuselaje inferior de la aeronave golpeó contra una base de la antena del sistema de aterrizaje por instrumentos, hecho que resultó en la separación del conjunto de cola del avión y consecuentemente su pérdida de control.

Hallazgos de la investigación detectados como riesgos

- No existía un documento certero con el manifiesto de mercancías peligrosas y tripulación a bordo.

- Se detectó que uno de los dispositivos de carga estaba defectuoso, por lo que impidió el embarque adecuado de un rollo de acero, hecho que produjo un exceso de 4678 kg sobre las posiciones de carga en bodega.

- El operador había incrementado los tiempos máximos de servicio de las tripulaciones de 20 a 24 horas, hecho que contribuyó a la fatiga operacional

- La compañía se encontraba realizando un importante plan de expansión, existía un alto nivel de rotación de las tripulaciones; hecho que contribuía en el incremento de requisito de tripulaciones y la alta carga laboral de las mismas.

- Al momento del accidente, el operador no contaba con un plan validado de seguridad de vuelo.

- El peso vacío de la aeronave no incluía 1120 kg de personal y equipos; en consecuencia, es posible que la aeronave operara con exceso de peso, sin que las tripulaciones pudieran advertirlo.

- Se detectó que algunas de las tripulaciones de MK Airlines no se adherían completamente a los SOP´s del operador. Asimismo, se detectó que ni el operador ni la autoridad aeronáutica del Estado del operador detectaron oportunamente esas deficiencias de seguridad.

- Existía un error con relación a la publicación de la pendiente de pista 24 de Halifax (este hecho no tuvo relación con la variación de las performances de despegue).

- Si bien la aeronave se encontraba con el peso por debajo del máximo de despegue, existían deficiencias en las estaciones de estiba de la carga paga."

Las enseñanzas de las catástrofes

Como puede identificarse entre los hallazgos de la investigación, el cálculo de peso y performances para el despegue fue una consecuencia de una gran cantidad de deficiencias organizacionales. En muchos casos, las fallas activas, como en este caso el cálculo erróneo, solo muestran el aspecto final que desencadenó el suceso.

Frente a este tipo de situaciones, el análisis profundo de las fallas activas detectadas es la mejor fuente de materia prima para retroalimentar los procesos de gestión de la seguridad operacional. No solo para el propio operador que sufrió el accidente, sino para toda la comunidad aeronáutica que pueda sacar provecho de los hallazgos de las investigaciones realizadas por los expertos.

A raíz del accidente de Halifax en 2004, distintas autoridades aeronáuticas del mundo pusieron atención en el tema. Un ejemplo de ello fue el informe que presentó el capitán Gerard van Es, Asesor de Seguridad de vuelo para la Región Europea de la Fundación de Seguridad de Vuelo (Flight Safety Foundation – FSF). El informe presenta un estudio fundamentado en la base de datos de accidentes (1970 a 2005) y afirma que 82 de los casos documentados tienen una estrecha relación con dificultades relacionadas con peso y balanceo de las aeronaves.

El programa de acciones de mitigación de FSF al respecto fue presentado contemporáneamente a la publicación del informe final del accidente de Halifax. Entre los puntos más destacados, el informe indica que, en la aviación comercial, el 61% de los accidentes son de aeronaves de pasajeros, mientras que el restante 39% corresponden a los vuelos de carga. Sin embargo, debe considerarse que las operaciones de carga aérea representan el 7% del total de los vuelos comerciales; por lo tanto, se estima que el riesgo vinculado con peso y balanceo en vuelos de carga es 8,5 veces mayor (aproximadamente).

En ambos casos, la mayoría de estos accidentes ocurren durante la fase de despegue (68% con pasajeros y 56% con carga). El riesgo mayor en aeronaves de pasajeros se da por hojas de carga incorrectas, pero otros riesgos incluyen situar el centro de gravedad por delante del límite, así como despegues con sobrepeso.

En el caso de cargueros, el mayor riesgo se da con centros de gravedad por delante del límite, seguido muy de cerca por desplazamiento de la carga al no estar bien estibada, y hojas de carga incorrectas.

Seguridad en la preparación del vuelo

Es una obviedad afirmar que la adecuada planificación de las operaciones es uno de los pilares de la seguridad de la misma; sin embargo, las estadísticas a nivel mundial muestran que entre los factores presentes en accidentes e incidentes de aviación se encuentra la planificación del vuelo. Es por ello por lo que, cobra una vital importancia la ejecución con precisión de cada una de las siguientes actividades y planificaciones:

- Despacho operativo: concreto, conciso, sin inconsistencias que pueda inducir a la tripulación a una errónea toma de decisiones. El peso, balanceo, estiva, tipo de mercancías embarcadas, como cualquier otra novedad, deben ser puestas de manifiesto a la tripulación durante la preparación del vuelo.

- Evaluación meteorológica: en los aeropuertos con servicios al vuelo se trata de una tarea relativamente más sencilla de llevar a cabo, sin embargo, la planificación del vuelo debe considerar si cada una de las escalas o puntos de destino dispondrá en tiempo y forma de la información meteorológica necesaria para el vuelo. Cuando se haya reunido la información necesaria, deberán contemplarse todas las variables de posible ocurrencia en cada una de las fases del vuelo. Asimismo, en los casos donde se opere desde pistas semi preparadas, deberá considerarse el estado de la pista, posibles zonas anegadas, estado del césped, presión, densidad de altitud, humedad y temperatura en cada una de esas pistas donde se opere.

- Pistas y infraestructura: no solo la información consignada en los AIP´s es importante de evaluar. La realidad del tiempo presente puede diferir de lo escrito en las normas y procedimientos prestablecidos, es por ello por lo que, es muy importante estar alerta a cualquier cambio, modificación, dificultad, novedad, desperfecto o clausura de las áreas operativas de los aeródromos. Este cuidado deberá incrementarse más aún, cuando se trate de aeródromos no controlados, lugares aptos denunciados (LAD) u otro tipo de aeródromo que no disponga de información en tiempo real.

- NOTAM´S: los NOTAM´S son un documento relevante en la preparación del vuelo. Cuando se realice a preparación de la operación, debe considerarse la información de NOTAM´S tanto en el punto de partida, como a lo largo de toda la ruta, las escalas y el punto de finalización de la operación. Este documento alerta sobre novedades, cambios, desperfectos y/o sistemas fuera de servicios relacionados con: pistas, calles de rodaje, balizado, estado de radioayudas, estado de sistemas de comunicación, estado de los sistemas de aterrizaje por instrumentos, calibración y precisión de todos los sistemas de ayudas a la navegación, fenómenos meteorológicos significativos, sectores del espacio aéreo cerrados o restringidos para la operación, entre otros factores de relevancia.

- MEL: la verificación de la lista de equipamientos mínimos (en caso de que la aeronave lo posea) es indispensable para la decisión de iniciar o cancelar la operación… la conocida "*go – no go*". La aplicación de lo establecido en ese documento es mandatorio, en ningún caso prevalecerá el criterio, necesidad o intención de la tripulación y/o el operador de la aeronave. Del mismo modo deberán aplicarse los contenidos y requisitos de la lista de desviaciones de configuración de la aeronave (en caso de que la posea) o CDL por su significado en inglés *Component Deviation List*: lista de desviación de componentes; es el documento elaborado por los fabricantes de aeronaves de transporte donde se detalla el máximo o el límite del tipo de partes o componentes con fallas o faltantes que debe poseer una aeronave para conservar su condición de aeronavegable.

    •

- Performances y limitaciones de la aeronave: cada aeronave es única e irrepetible. Más allá de las tablas y gráficos utilizados para la preparación de las velocidades y distancias de despegue, performances de crucero, etc. que se encuentran publicados en los manuales de vuelo y operaciones; siempre es necesario conocer al detalle cada una de esas variables. La interpretación y aplicación de cada una de las tablas y valores que deben interpolarse para obtener los resultados de performance es una actividad que debe ser sujeto de entrenamiento y adiestramiento constante. En tanto y en cuanto sea viable que esta actividad se realice y supervise por más de un miembro de la tripulación, mejor. También es importante considerar que, si la MEL ha permitido el inicio de la operación con alguna novedad técnica, esta sea evaluada exhaustivamente con el objetivo de determinar las limitaciones de performances, velocidades, estructural, etc. que puedan generarse en la aeronave.

Como puede observarse en el siguiente gráfico se ha resumido lo desarrollado en los párrafos anteriores en cuanto a las principales variables que deben ser consideradas a la hora de la preparación del vuelo. Obviamente, se trata de una generalidad; las operaciones específicas requerirán de acciones y evaluaciones especiales… por citar un caso en particular: las operaciones agro aéreas poseen especificidades que ameritan un análisis de otras variables.

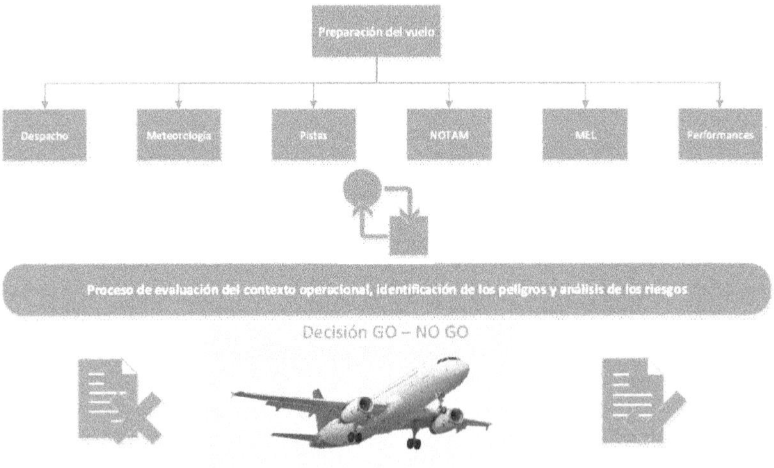

Si se analiza la información expuesta en la presente obra y los distintos casos de estudio que se han desarrollado, podrá verse que en una gran cantidad de ellos se encuentran presentes distintos hechos que pueden atribuirse a una planificación deficiente de las operaciones. Distintos tipos de amenazas que se han materializado, producto de deficiencias en las defensas del sistema, dieron como resultado los accidentes antes mencionados. Sin embargo, existe un caso reciente que merece de una consideración especial, debido a la gravedad, magnitud y trascendencia.

En esa catástrofe tan conocida por el mundo entero, se materializaron una enorme cantidad de amenazas, producto de graves deficiencias del sistema globalizado del transporte aéreo internacional. No es menester de esta obra abrir juicio de valor sobre personas físicas o jurídicas, ni menos, es por ello por lo que se mencionaran los hallazgos relevantes vinculados con la seguridad operacional.

Caso de estudio: *accidente Fokker F-28, Aeropuerto Mariscal Sucre, Quito*

Ícaro Líneas Aéreas es una Empresa doméstica del Ecuador fundada en 1971, que en la actualidad realiza vuelos a tres destinos dentro de su país y otros tres en Colombia. El 22 de septiembre de 2008 se disponía a realizar un vuelo desde Quito a Coca y regreso a quito. Para ello dispuso de uno de sus dos Fokker F-28 MK4000, en este caso el matriculado como HC-CDT; un avión de 24 años de antigüedad bien mantenido y en condiciones de aeronavegabilidad.

La tripulación estaba compuesta por un capitán de 44 años y más de 9200 horas de vuelo y un primer oficial de la misma edad y 3880 horas de vuelo. Ambos poseían las licencias y habilitaciones vigentes.

Al momento de iniciar la operación, el aeropuerto se encontraba afectado por lluvia débil viento de 4 nudos de los 180° con buena visibilidad. El aeropuerto de Quito está ubicado a una elevación de 2812 metros sobre el nivel del mar; cuenta con una pista (orientación 17-35) de 3120 metros de largo y 46 de ancho.

El F-28 fue autorizado para realizar el despegue por la pista 35. Una vez iniciada la carrera, la tripulación advirtió que se activó una alarma de fuego en bodega, por lo tanto, decidieron abordar la maniobra y frenar la aeronave dentro de la pista. El intento de frenar fue fallido, por lo que a aeronave sobrepasó el final de la pista 35, impactó y destruyó la antena del sistema de aterrizaje por instrumentos (ILS) ubicada a 167 metros del final de la pista, en la zona de seguridad existente, y parte del cerramiento perimetral del aeropuerto deteniéndose a 300 metros del final de la pista 35, a la izquierda del eje.

Como consecuencia del accidente tres tripulantes y tres pasajeros resultaron con heridas de distinta consideración. El resto de los ocupantes evacuaron la aeronave de modo seguro, sin lesionarse. Durante el inicio de la investigación pudo ser retirado el registrador de voces de cabina y recuperada su información de modo rápido, de ello pudo determinarse inicialmente tres factores decisivos en las consecuencias de la presente operación:

- El copiloto se encontraba al mando de la aeronave.

- La tripulación escuchó la alarma 10 segundos después que el piloto enunciara "80 nudos".

- En principio la tripulación decidió continuar el despegue, pero pocos segundos después, el capitán resolvió abortar el despegue.

Del registro del CVR también es importante destacar que la tripulación inició las listas de chequeo y se cumplieron con toda normalidad, sin embargo, no se escucha el briefing que el piloto al mando debía dar antes del despegue, en el cual debía especificar la acción a tomarse en caso de que se presentara una falla antes de alcanzar V_1 o después de esta velocidad, con clara indicación de las tareas que cumpliría él y las que realizaría en primer oficial en cualquiera de estos casos.

Como primera aproximación al análisis de la operación, es útil considerar lo que establece el manual de operaciones de la compañía en cuanto a las razones por las debe abortarse un despegue. El volumen 1-2 del documento especifica que, una vez iniciada la carrera y antes de la V_1, un despegue debe abortarse por las siguientes razones:

- Alarma de incendio o daño severo en el avión.
- Pérdida repentina de empuje en ambos motores.
- Pérdida de control direccional.
- Desacuerdo en las indicaciones de velocidad.

Al respecto, el mismo documento enuncia como debe ser la coordinación de la tripulación durante la maniobra, veamos como debe ser estas acciones textuales del documento:

Capitán	*Primer oficial*
Anuncia la falla, si es el primero en notarla.	Anuncia la falla, si es el primero en notarla.
Comanda: ¡STOP! **Simultáneamente**: Aplica el máximo de frenado. Lleva los aceleradores a la posición IDLE. Activa los frenos de aire y los lift dumper. Despeja la pista si es posible. Detiene la aeronave. **No debe colocar el freno de parqueo.**	Monitorea las acciones del capitán. Si el tiempo lo permite: Anota la velocidad a la cuál se inició el abortaje.
Cuando la aeronave se ha detenido debe anunciar: Tripulación y pasajeros deben permanecer sentados.	
Evaluará la situación y si es necesario ordenará: Evacuación de emergencia. Lista de chequeo de evaucación.	Aistir al capitán en la evaluación de la situación. Referirse al ECL, y leer en voz alta la lista de chequeo de procedimeintos de evacuación.
Si no se ha intentado la evacuación ordenará: Tomar la acción.	Completar los ítems de memoria y ECL (si es aplicable).

En el mismo documento, sección emergencias "lower cargo fire", especifica que: cuando se detecta humo en el compartimiento inferior de carga, en la cabina de vuelo se activará la alarma sonora, en el panel de control aparecerá el anuncio luminoso “humo y armado” identificando el compartimiento afectado y aparecerá el anuncio: BTL 1 “disch”. En función de ello, la tripulación deberá levantar la cubierta del botellón 1 y presionar el switch de descarga del botellón 1.

Según los cálculos de factibilidad de operación de la compañía operadora respecto con los valores de V_1 y V_R para el peso con el que estaba efectuándose el despegue era 128 nudos. La V_2 para ese peso era 135 nudos. Según los datos obtenidos del grabador de datos de vuelo (FDR), la aeronave estuvo a solo 0,8 nudos de alcanzar la velocidad de decisión, hecho que permite establecer que el despacho, la ubicación del centro de gravedad y la posición del trim eran los apropiados para la operación en desarrollo. Además, cabe señalar que la investigación llevada a cabo por la autoridad del ecuador determinó que los motores entregaban el empuje adecuado, el sistema de frenos funcionaba correctamente y no fueron detectados otros fallas de origen técnico que pudieran afectar el comportamiento de la aeronave en el despegue y posterior frenado.

El informe oficial del accidente expresa que los valores tabulados de los gráficos del FDR, muestran que la aeronave alcanzó los 127,19 nudos de velocidad. Un segundo después la velocidad comenzó a disminuir hasta llegar a 39.45 nudos. Al siguiente segundo el avión alcanzó los 41 nudos, velocidad que descendió nuevamente a 23,68 nudos luego de un segundo. Inmediatamente la velocidad comenzó a ascender alcanzando los 30,57 nudos, manteniéndose alrededor de este valor hasta el fin de la grabación.

El análisis de la información del FDR, indicó que la tripulación efectuó un despegue rodado y luego de alinearse con la pista demoró 3 segundos en seleccionar el empuje de despegue. Durante estos tres segundos el avión mantuvo 32 nudos de velocidad indicada, es decir recorrió 86 metros de pista, antes de que los aceleradores sean ubicados en la posición de máximo empuje.

La información de ambos registradores de vuelo permitieron determinar que la activación de la alarma de fuego en la bodega de carga, produjo en el capitán una confusión y posterior descontrol que se manifestó en la duda sobre la acción que debía tomarse para contrarrestar la emergencia presentada; ya que en primera instancia decidió continuar con el despegue; más, acto seguido decidió interrumpir el despegue y quedarse en tierra, cortando los aceleradores por tres segundos para nuevamente acelerar, ganar velocidad por cuatro segundos y finalmente optar por quedarse en tierra.

Cuando se activó la alarma, el capitán manifestó su intención de continuar el despegue. Segundos después, el piloto exclamó: "*ayuda a parar... haz algo*" decidiéndose a detener la aeronave, luego de que en principio dudó entre continuar la carrera e irse al aire y abortar el despegue.

Esta indecisión duró en total 10 segundos, tiempo en el que aeronave recorrió 738 metros. Distancia que, sumada a los 1680 metros que, según el gráfico 2.4 de la página 43 del Manual de Vuelo necesitaba el avión para alcanzar los 127,2 nudos, y a los 86 metros que la tripulación empleó antes de seleccionar el empuje máximo en los dos motores, da un total de 2504 metros recorridos hasta esta instancia, quedándole, por tanto, a la tripulación 616 metros de pista para poder detenerla.

Según los cálculos efectuados por Fokker, la aeronave operando con 28 000 Kg de peso, las condiciones de viento y temperatura existentes al momento del despegue, elevación y pendiente de la pista del aeropuerto de Quito, considerando la pista seca y sin contaminación, necesitaba 570 metros para detenerse luego de alcanzar los 127.2 nudos. En virtud de ello, la aeronave hubiera podido detenerse dentro de la pista, a 2 metros de la cabecera.

El organismo de investigación de Ecuador expresó en su informe que con la actitud de la tripulación demuestra complacencia, fundamentada específicamente, en la normal condición de funcionamiento de la aeronave durante el vuelo realizado pocos minutos antes, lo que les llevó a omitir un paso fundamental para la seguridad de las operaciones e influyó negativamente en el ánimo de la tripulación induciéndoles un sentimiento de sobre confianza que afectó su estado de alerta y de vigilancia sobre el desarrollo de la operación

Por otra parte, en función de los registros del CVR, la investigación estableció que durante la emergencia hubo una carencia de CRM, toda vez que no existe una decidida participación del primer oficial, durante el manejo de la emergencia, quien en base a su experiencia como tripulante de esa aeronave conocía que este tipo de emergencia, por activación falsa de esta alarma se había producido con anterioridad. Incluso, existen antecedentes que manifiestan que en un vuelo anterior se les activó la alarma momentos antes del aterrizaje y que dejó de funcionar luego de que aterrizaron sin que en esa ocasión se hubiera encontrado señales de fuego en la bodega de carga.

El incumplimiento de los procedimientos establecidos en el Manual de Operaciones de la Empresa y, la persistente duda del capitán respecto con que era lo que pasaba en su aeronave, reflejan que no tenía un completo conocimiento de las características técnicas del avión y sus sistemas de alarma. Es más, cuando los tripulantes indicaron haber practicado en el simulador de vuelo esta emergencia y, los documentos presentados por el operador así lo confirman, los resultados del manejo de la emergencia que originó el accidente demuestran que la tripulación no estaba familiarizada con la misma al punto de no poder reconocerla y, en consecuencia, no pudieron implementar las acciones para manejarla.

El desconocimiento de la situación, la confusión generada en el proceso de toma de decisiones (recordemos lo ya expresado: una vez tomada la decisión se sigue adelante con la acción) y la falta de liderazgo que se presentaron en la cabina de aquel F-28; no son más que la reafirmación de la necesidad de contar con estrictos programas de entrenamiento específico y un profundo conocimiento y adiestramiento en las técnicas de CRM. Es el deber de cada uno de los tripulantes que, los conocimientos y conceptos vertidos en las capacitaciones de factores humanos y CRM, sean llevados a la práctica asertivamente en cada uno de los vuelos que realicen.

Caso de estudio: *fallas en la coordinación de cabina, accidente ATR 72-600, Taiwán. Un accidente con antecedentes.*

Más allá de las cuestiones netamente aeronáuticas, esta tragedia se viralizó a través de un video que registrado y difundido por redes sociales y medios de comunicación. La imagen previa al impacto del ART sobrevolando un puente con un ángulo de rolido de casi 90° y sus motores aparentemente apagados se difundió en pocas horas.

El 4 de febrero de 2015 el operador TransAsia Airways se disponía a realizar el vuelo regular TNA235 desde el Aeropuerto de Taipei-Songshan y el de Kinmen; ambos en Taiwán. Para ello, TransAsia dispuso del ATR 72-600 matrícula B-22816; esa aeronave apenas totabilizaba 11 meses desde su incorporación en le Empresa.

El despegue desde Taipei se realizó a las 10:53 local, a bordo de la aeronave se encontraban 5 tripulantes y 53 pasajeros. A los dos minutos que la tripulación confirmó el despegue, el control del aeropuerto de Taipei perdió todo contacto con el ATR. En la última comunicación de la tripulación pudo oírse: "*mayday, mayday, mayday, engine flameout*". La aeronave se encontraba perdiendo altura, y volando de modo temerario en una zona densamente urbanizada. Durante esos instantes, las cámaras registraron el paso de la aeronave por sobre el puente, donde impactó un vehículo y la superficie, con la puntera de una de sus alas.

Ya sin comunicación alguna, la aeronave atravesó el puente y terminó impactando en el Río Keelung, en la vera de la ciudad de Taiwán.

Como consecuencia del impacto con el terreno, la aeronave resultó destruida y 43 personas perdieron la vida en el accidente. El contacto del ala del avión con un vehículo sobre el puente produjo otros dos heridos de gravedad.

El proceso de investigación del presente suceso reveló que, durante la senda aérea de despegue, el ATR se vio afectado por una aparente falla total de uno de sus motores. La falla se mostró en el panel de advertencia de cabina, y la tripulación interpretó que esta produciría la pérdida total de potencia del motor y la consecuente pérdida de generación de energía eléctrica. De hecho, la falla existió y el motor en cuestión perdía potencia progresivamente. También debe considerarse que el ATR es una aeronave biturbohélice que se encuentra certificada para volar con un solo motor operativo, hecho que hubiese permitido a la tripulación controlar la aeronave durante el ascenso y realizar un circuito de emergencia para un posterior aterrizaje seguro.

La falla y la activación de la alarma se presentaron cuando la aeronave tenía 1200 pies de altura, durante la senda aérea de despegue. Con esta falla, no solo el motor perdía potencia, sino que la aeronave también perdía velocidad en una fase de vuelo crítica.

Una vez que pudieron verificarse los controles de vuelo en la cabina, obtener los datos de los registradores de datos de vuelo y voces de cabina, sumado al resto de las evidencias técnicas, pudo establecerse que la tripulación llevó a cabo una inadecuada comprobación cruzada de motores y detuvo el motor operativo, en vez del que presentó problemas en el ascenso.

Los registros confirmaron que el capitán accionó el mando de motor (operativo) deliberadamente, sin levar a cabo el procedimiento de confirmación de motor junto con el primer oficial. La investigación mostró también que existía un gradiente de cabina entre el capitán y el primer oficial, donde las acciones o sugerencias de este último, es probable no fuesen consideradas.

También es importante destacar que, el capitán registraba bajas calificaciones (e incluso reprobaciones) en los entrenamientos en simulador de vuelo y prácticas de este tipo de emergencias. Asimismo, la investigación reveló que el operador no poseía estandarizadas las capacitaciones y los entrenamientos en CRM. Tal era la irregularidad en el entrenamiento de las tripulaciones que, tanto el operador como la autoridad aeronáutica dispusieron separar de vuelo a todos los capitanes hasta tanto realizaran de modo regular las capacitaciones y los entrenamientos adecuados; con el apoyo de profesionales especializados en CRM y seguridad operacional.

Este accidente pone de manifiesto una vez más que, a pesar de contar con la mejor tecnología y todos los recursos necesarios para la operación; es indispensable la actuación humana en la gestión y toma de decisiones de cada una de las situaciones. En este caso pueden detectarse serias deficiencias en cuanto a:

- Falencias organizacionales en cuanto a la estandarización de la capacitación y adiestramiento de las tripulaciones con relación a la gestión de cabina y CRM.

- Falencias en cuanto a los criterios de selección y requerimientos para los capitanes de la línea aérea.

- Falta de adiestramiento del capitán para la gestión de los recursos disponibles durante una emergencia.

- Falencias de liderazgo.

- Falencias en la toma de decisión, basadas en conocimiento técnicos específicos incompletos o inadecuados.

Más allá de las graves deficiencias detectadas en este accidente, es crítico mencionar que siete meses antes, el mismo operador, con una aeronave similar tuvo otro accidente fatal en Husi, Isla de Pescadores, China.

El 23 de julio de 2014 el operador se encontraba realizando el vuelo TNA222, una operación regular doméstica dentro de China. Para ello, TransAsia utilizó el ATR 72-500 matrícula B-22810; a bordo de la aeronave había cuatro tripulantes y 54 pasajeros.

El vuelo transcurrió bajo condiciones meteorológicas marginales. La ruta se encontraba afectada por la influencia del tifón Matmo, que había pasado por encima de la isla de Taiwán. Por lo tanto, toda la zona estaba afectada por fuertes vientos y lluvias copiosas.

El capitán al mando del ATR era un experimentado piloto de casi 23 000 horas de experiencia, mientras que el primer oficial alcanzaba las 2000 horas de experiencia. Es decir, como puede verse, en este caso, también se presenta un elevado gradiente de cabina con relación a los integrantes de la tripulación. Conformar este tipo de tripulaciones requiere de un buen entrenamiento en CRM, liderazgo y toma de decisiones.

Debido a las condiciones reinantes, la tripulación decidió realizar un aterrizaje de emergencia en la Isla de Pescadores. El accidente se produjo durante una maniobra de "motor y al aire", luego de un fallido intento de aterrizaje. Según reveló la investigación, la tripulación descendió intencionalmente por debajo de los mínimos establecidos en el procedimiento. De acuerdo con los registros obtenidos en el registrador de voces de cabina, el capitán estaba confiado en la decisión que había tomado y estaba seguro de poder realizar la maniobra con precisión.

La subestimación del riesgo adoptada por el capitán costó la vida de 48 personas, y otras 10 que resultaron gravemente heridas. Por supuesto, la intención no es responsabilizar al capitán, sino marcar la falta de entrenamiento y capacitación en temas vinculados a la gestión de cabina, el CRM, la toma de decisiones y la valoración del riesgo. Una vez más puede verse como, por más que un piloto con 23 000 horas de vuelo de experiencia, puede incurrir en decisiones inadecuadas por falta de entrenamiento y capacitación específica.

La construcción de la mecánica de la toma de decisiones no es una habilidad que se adquiera únicamente con las horas de vuelo. Esa capacidad de razonamiento y acción es un proceso que debe adquirirse en la teoría y adiestrarse constantemente para poder obtener resultados que aporten efectivamente a la seguridad de las operaciones.

Los factores humanos en la instrucción de vuelo

Volamos momentáneamente a los conceptos teóricos, para luego continuar con los casos de estudio. Las escuelas de vuelo son las bases de la aviación civil, en ellas se forman todos jóvenes que luego llegarán a estar en a los mandos de aeronaves de transporte, con cientos de pasajeros a bordo. La cuna de formación debería ser un ámbito donde prime la seguridad por encima de cualquier otro concepto. Sin embargo, es de destacar que, de acuerdo con las estadísticas a nivel mundial, las escuelas de vuelo y todas las operaciones relacionadas con la instrucción, formación y entrenamiento; registran un alto índice de accidentología.

No existe un indicador que demuestre inequívocamente el origen de las falencias en la seguridad de escuelas de vuelo y actividades relacionadas con la enseñanza del vuelo. Por el contrario, es criterioso afirmar que las escuelas son un ámbito profesional seguro; siempre y cuando sean organizaciones habilitadas y supervisadas de acuerdo con la normativa aplicable de OACI y los requisitos de la autoridad aeronáutica de cada uno de los Estados.

La formación de los futuros pilotos comerciales y pilotos de línea aérea es una tarea de altísima responsabilidad. Esta actividad debe estar fundamentada en pilares sólidos de:

- Seguridad.
- Conocimientos técnicos.
- Desarrollo de habilidades específicas.
- Materiales y equipos en condiciones de aeronavegabilidad.
- Compromiso organizacional por la tarea de instrucción.

Toda persona que embarca en una aeronave con el objetivo de aprender a volar, se encuentra impulsada por emociones, aspiraciones, ansiedad, entre otros factores; que podrían alterar la percepción de los riesgos. Sumado a ello, debe mencionarse que el juicio profesional se encuentra en la fase de formación; es decir, el cúmulo de conceptos teóricos, más la experiencia (escasa) no llegan a poseer la fortaleza necesaria para influir positivamente en la toma de decisiones. Bajo estas circunstancias el rol del instructor y de la organización de la escuela, cumplen una función fundamental en cuanto a contener la euforia del alumno, y transformarla en motivación positiva para el aprendizaje, la construcción de la responsabilidad profesional y por, sobre todo, formar la cultura de primar la seguridad de las operaciones por encima de cualquier otro factor.

Desde las fases iniciales de la formación, hasta que un aviador llega a ser capitán de una aeronave de transporte, el entrenamiento debe ser recurrente y constante. Es decir, las premisas de la instrucción básica, en cuento a la celeridad de la educación, el adiestramiento de las habilidades y la cultura de la seguridad deben ser aspectos constantes en todas las instancias de la carrera profesional y de modo permanente.

A continuación, exponemos un caso de estudio sobre un trágico doble accidente durante un vuelo de instrucción en navegación, analicemos las particularidades y las deficiencias de seguridad materializadas.

Caso de estudio: *doble colisión CFIT, San Vicente de Chucurí, Santander, Colombia.*

La Escuela de Aviación del Aeroclub de Colombia se encuentra emplazada en el Aeropuerto Guaymaral Flaminio Suarez Camacho en la ciudad de Bogotá, Colombia. Es el aeropuerto secundario dedicado a la aviación general; El Dorado (aeropuerto principal) posee restricciones para las operaciones de aviación general.

El 12 de abril de 2015 la institución dispuso un vuelo de instrucción doble comando en navegación conjunta de cuatro escuadrillas formadas por dos aeronaves cada una (excepto la N° 1 formada por tres aeronaves). Durante la ejecución del vuelo VFR, dos aeronaves pertenecientes a una de las escuadrillas, colisionaron la ladera de la Serranía Los Yaraguies en el Municipio de Chucurí, Santander.

En la imagen que se muestra a continuación se observa la zona del impacto de las aeronaves, las distancias entre ambas y las referencias de altura de la sierra. La fotografía pertenece al informe oficial del suceso realizada por parte de la autoridad colombiana de investigación.

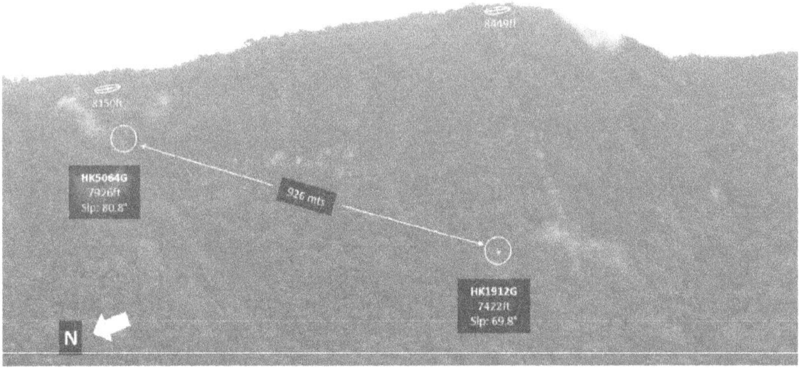

El accidente se produjo con luz diurna y condiciones de baja visibilidad por presencia de nubosidad. Las aeronaves accidentadas eran parte de la escuadrilla número 2 y estaban conformadas por un instructor de vuelo y alumno en una, y en la otra solo un alumno piloto realizando vuelo solo. Las aeronaves involucradas eran un Cessna 172N (matrícula HK-5064G) y un Cessna 150M (HK-1912G), respectivamente.

El instructor al mando de la escuadrilla era un avezado piloto que poseía licencia de instructor desde 1980. Contaba con una experiencia de más de 4900 horas de vuelo. Ambos alumnos pilotos tenían 18 años y contaban con alrededor de 100 horas de instrucción; al momento del accidente se encontraban realizando una práctica de navegación.

El vuelo se inició en condiciones visuales y sin fenómenos significativos desde el aeródromo de partida. Sobre la ruta planeada para la navegación existían escasos puntos de información meteorológica. Considerando el punto de impacto de las aeronaves, es importante señalar que tanto esa zona como las proximidades de la ruta utilizada carecían de estaciones meteorológicas que pudieran actualizar la información durante la navegación. La meteorología real en el momento del accidente fue obtenida por interpolación de la información y el procesamiento de imágenes satelitales; herramientas con las que obviamente no contaban los pilotos en la navegación.

Al momento de producirse el impacto con la ladera de las sierras el viento era de 6 nudos de los 330°, 27° C de temperatura, nubosidad dispersa entre 2000 y 12000 pies. Del análisis de las imágenes satelitales al momento del impacto se observa que existían nubosidad (quebrada) en escala ascendente, también se observaron en la zona algunos cúmulos en desarrollo. Nuevamente vale aclarar que estos son datos de la investigación y no los disponibles para el briefing de la navegación.

Otro dato importante de la investigación para considerar es que ambas aeronaves impactaron la ladera de la montaña con condiciones de vuelo recto y nivelado, con un nivel de potencia (estimado de acuerdo con los datos y evaluación de los motores) coincidente a la requerida para el vuelo en crucero. De acuerdo con el patrón de daños de ambos fuselajes, se descartó la hipótesis de una colisión en vuelo entre ambos Cessna, previa al impacto. Esta información avaló la hipótesis de una colisión en vuelo controlado.

En los párrafos anteriores se había mencionado que la instrucción en navegación se realizaba durante el vuelo conjunto de cuatro escuadrillas. La escuadrilla que tuvo el accidente fue la número dos. Las escuadrillas despegaron de modo escalonado, es decir, con intervalos de tiempo considerables entre una y otra, la número dos fue la última en despegar. Durante el inicio de las operaciones, la escuadrilla número 3 informó que modificaría la ruta de navegación, debido a las condiciones climatológicas de escaso techo y visibilidad. Cabe señalar que, la escuadrilla dos aún se encontraba en el aeródromo de partida, sin despegar.

La escuadrilla dos despegó 20 minutos después del último despegue de su antecesora. Es decir, el instructor al mando contó con un lapso que le hubiese permitido realizar una última consulta sobre la meteorología antes del vuelo, sin embargo, no lo hizo. La escuadrilla dos inició su vuelo como se había programado, bajo reglas de vuelo visual. De acuerdo con las condiciones reinantes, ya en ruta, el instructor informó el cambio de ruta; lo haría tomando un rumbo hacia el Este, con dirección a la Serranía Los Yaringuies. Para ello, era necesario realizar un cambio de altitud y mantener 10 500 pies, en vez de los 7500 que estaban planificados para la navegación.

También es importante señalar que, ambas aeronaves ingresaron a volar en una zona bajo condiciones IMC, cuando el vuelo estaba planeado para llevarse a cabo en condiciones VMC. Es dable comentar que, ambos Cessna contaban con el instrumental instalado y en servicio para realizar un vuelo por instrumentos. Al respecto cabe señalar que, el espacio aéreo colombiano es considerado una zona de gran congestión por parte de autoridades y operadores, es por ello por lo que, muchas veces, no son autorizadas las operaciones de navegación instrumental de aeronaves livianas (de escuelas de vuelo en particular) en áreas próximas a los terminales.

Las rutas de navegación realizada por parte de esta escuela de vuelo, no se encontraba estandarizada en ningún protocolo de instrucción, currícula; como así tampoco era una navegación en la que la autoridad aeronáutica tuviera injerencia, supervisión o pudiera brindar un apoyo directo. La planificación de esta quedaba a criterio exclusivo de los instructores de vuelo de cada una de las instituciones que las realizaban. Las Especificaciones de Operación de la escuela no contemplaban rutas de vuelo visuales, tal como la realizada en el presente accidente; solo contemplaban rutas visuales desde y hacia Guaymaral.

Al respecto, también debe mencionarse que la escuela de vuelo mostró inconsistencias en el resto de la documentación operacional y currículas en cuanto a la navegación. Es decir, as operaciones se realizaban en un contexto laxo.

De acuerdo con lo analizado a través de la información radar se pudo determinar que, luego de cambiar la ruta de navegación (con 3700 pies aproximadamente), las aeronaves ascendieron hasta 7500; altitud que se mantuvo hasta el impacto final con las sierras. Los Cessna impactaron la ladera con 7900 y 7400 pies respectivamente, a una distancia de 926 metros entre sí. Como se mencionó en los párrafos anteriores, la colisión se produjo en condiciones de vuelo controlado, sin que ningún factor técnico condicionara las performances de las aeronaves.

La deficiente identificación de los peligros y evaluación de los riesgos llevada a cabo por el instructor, fomentada por un contexto operacional normativo y organizacional deficiente de la institución, llevaron a que ambas tripulaciones ingresaran en una situación de pérdida de la conciencia situacional. Si bien todos conocían el área de vuelo donde se encontraban, no tenían la noción de la necesidad de incrementar su altitud para franquear la cadena de sierras presente en el área de navegación.

Del análisis del presente accidente ¿Cuáles son las enseñanzas que nos deja?

- Los contextos operacionales donde las normas no son claras, más allá de requerir mejoras organzacionales profundas a corto plazo; necesitan de un máximo de concientización por parte de quienes tienen responsabilidad en la programación y planificación de las navegaciones. Ese es un modo de palear la problemática en lo inmediato y planificar los cambios organizacionales necesarios para tener una adecuada identificación de los peligros y evaluación de los riesgos.

- Las decisiones tomadas por una sola persona, en este caso el instructor que planificó la modificación de la navegación puede tener deficiencias en cuanto a la evaluación de todas las variables. Máxime considerando que tenía tiempo, información y otros pilotos que podían asesorar. Por lo tanto, es recomendable que ante una situación como la presente se analice y discuta en equipo las modificaciones que se realizarán sobre una operación ya planificada.

- La planificación conjunta de las operaciones y la discusión de las variables fomenta el trabajo en equipo y la coordinación de las acciones en la cabina de vuelo; factor fundamental que los pilotos en instrucción deben adquirir para sus futuras carreras profesionales.

- Ante una modificación en la navegación y su posterior notificación a los centros de control de tránsito aéreo, sería conveniente que los mismos puedan brindar información que propicie una adecuada toma de decisiones por parte de los pilotos.

Caso de estudio: *Avro RJ85 LaMia, Antioquia, Colombia.*

El 28 de noviembre de 2016 el plantel profesional de fútbol del Club Asociación Chapecoense de Fútbol se disponía a ser trasladado a través de la Empresa LaMia desde el Aeropuerto Internacional Viru Viru en Santa Cruz de la Sierra, Rep. de Bolivia hasta el Aeropuerto Internacional José María Córdova ubicado en Río Negro, Colombia; para disputar la final de la Copa Sudamericana, frente al Atlético Nacional de Medellín. Para el vuelo, el operador dispuso de la aeronave BAe Avro RJ85 matrícula CP-2933.

El Avro 146 RJ85 es una aeronave tetra reactor de transporte fabricado por British Aerospace, posee un peso máximo de despegue de 41 800 kg (según el AFM), con una configuración de cabina variable entre 85 a 112 butacas; según su configuración, posee un alcance promedio de unos 3650 km aproximadamente.

El 28 de noviembre la aeronave fue trasladada desde Cochabamba hasta Viru Viru, donde se iniciaría el vuelo comercial no regular. Según consta en el informe preliminar de la autoridad colombiana de investigación de accidentes, el Comandante había solicitado la carga máxima de combustible, es decir, 9300 kg.

La aeronave despegó desde Viru Viru con 73 pasajeros y 4 tripulantes a las 22:18 h local (21:18 UTC) y ascendió hasta su nivel de crucero inicial en el FL260. A las 22:49 hs continuó el ascenso hasta FL280, para finalmente alcanzar el nivel de crucero final FL300 con una velocidad de 220 KCAS.

Según consta en el informe publicado por la autoridad colombiana, en las conversaciones de cabina registradas por el CVR durante el vuelo se determinó que la tripulación intercambió ideas relacionadas con la gestión del combustible, e incluso, realizaron varios cálculos de autonomía. A las 00:42:18 h se registró que la tripulación estimaba desviar su ruta hacia Bogotá con el objetivo de repostar combustible, sin embargo, a las 00:52:24 h volvió a registrarse en el CVR la decisión de la tripulación de continuar hasta el destino previsto originalmente, sin volver a cargar combustible.

A la 01:03:01 h el CRV registró que la tripulación inició el procedimiento para la aproximación a su destino final; a los doce minutos, el CVR cesó su registro. Los registros del vuelo posteriores fueron obtenidos de los datos de navegación y radar, por parte de los organismos de investigación.

Según consta en la información radar, a las 02:30:30 h, la aeronave inició el descenso a unas 75 NM aproximadamente de su destino final. A las 02:40:00 h el vuelo fue transferido al control de Medellín, quién ordenó el descenso a FL230 para luego incorporarse al circuito de espera del VOR Rio Negro. En los dos minutos posteriores se volvió a requerir un descenso, esta vez hasta FL210.

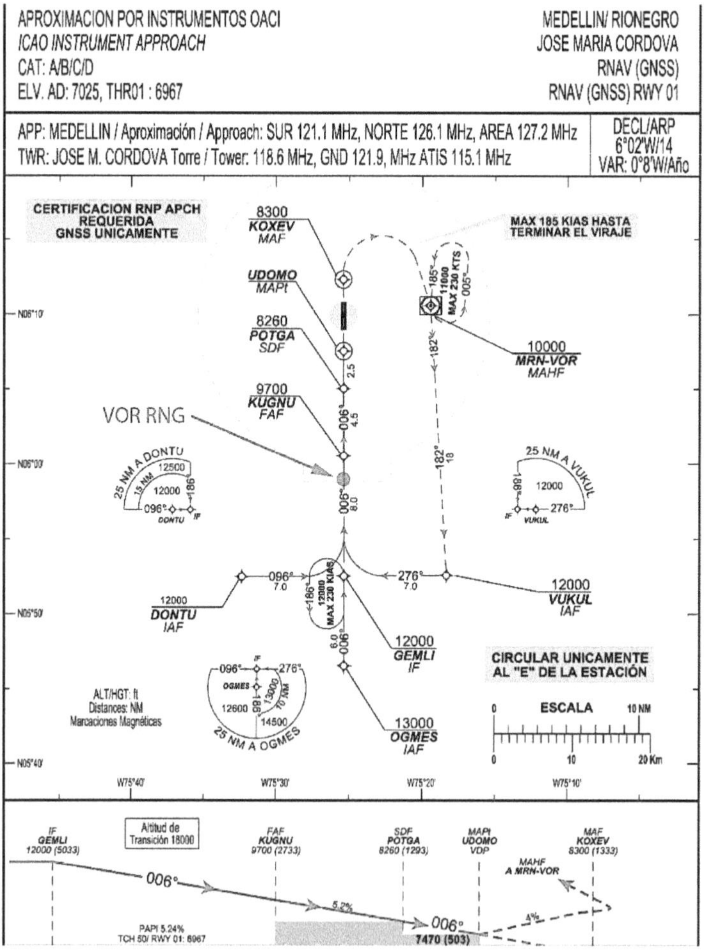

Según los datos que arroja la investigación, a las 02:43:52 h la tripulación niveló el BAe 148 con FL210 seleccionó 18° de flaps con 180 KCAS. Para una mejor comprensión de la secuencia final del vuelo que devino en accidente, a continuación, se transcribe un extracto de las comunicaciones de cabina, que fueran hechas públicas en el reporte preliminar de la autoridad colombiana de investigación de accidentes (ref. *Informe Preliminar Investigación COL-16-37-GIA Avro 148 RJ85 matrícula CP-2933*), como organismo que lidera el proceso de investigación.

Al no recibirse respuesta de parte de la tripulación y conocer la situación de emergencia, los servicios de SAR fueron activados. A través de las tareas de búsqueda, la aeronave fue hallada en la posición 05° 43′56′′ N 075° 25′ 7.86′′ W, una zona de sierras, con un rumbo aproximado de 310°. Según los primeros hallazgos de la investigación, se determinó que hubo una dispersión de restos (cuesta abajo) de 140 metros aproximadamente.

En la imagen anterior observamos la zona del impacto y dispersión de restos en la ladera del cerro. Imagen publicada en el informe preliminar de la autoridad colombiana de investigación.

En un primer momento solo era reconocible el conjunto de cola de la aeronave. Todo el resto del fuselaje y los motores quedaron destruidos. Un hecho llamativo desde el primer momento del hallazgo fue que no se produjo incendio. Considerando la violencia del impacto, la dispersión de restos y la dimensión de la aeronave, a priori, el agotamiento de combustible fue la hipótesis más plausible de formular.

Con el avance del proceso, los investigadores pudieron hallar otro indicio que podría contribuir en la afirmación de la hipótesis antes mencionada: el panel indicador de gestión del combustible a bordo.

En la figura anterior observamos el panel de cabina de vuelo de control de combustible. Imagen publicada en el informe preliminar de la autoridad colombiana de investigación.

El proceso de investigación, durante la fase inicial, también detectó otro hallazgo significativo para la seguridad del vuelo: el peso. El grupo de investigación estima que la aeronave despegó con un peso de por lo menos 41 610 kg, cuando el Avro RJ85 posee un peso máximo de despegue de 41 800 kg. La estima del valor mencionado pudo realizarse a través de cálculos y pesaje del equipaje y elementos recuperados de cabina y bodega; no pudo hallarse un manifestó claro de despacho, son pesos exactos. El valor de 41 610 kg se obtuvo a través de la siguiente estima y datos:

Ítem	Peso (en kilos)
Peso vacío actual	25 844
Estima de combustible al despegue	9073
Pasajeros y tripulación	6205
Carga paga y equipaje (se estimó como mínimo)	488
Total estimado al despegue	**41 610**

Si bien el valor estimado es inferior al máximo de despegue, existen indicios al momento que es probable que la aeronave posea más de 1000 kg de peso de carga y equipaje. Este dato será refutado o afirmado en la promulgación del informe final del accidente. De ser confirmado, el exceso de peso pudo haber contribuido en el requerimiento de un mayor empuje de motores, por ende, un aumento del consumo de combustible.

A la fecha de publicación de la presente obra aún no se encuentra emitido el Informe Final oficial del accidente de referencia; por lo tanto, no sería ético concluir taxativamente respecto con las causas del suceso. Sin embargo, y de acuerdo con los hallazgos publicados de modo oficial, es destacable marcar hechos de relevancia y consideración en la sostenibilidad de la seguridad operacional, como bien más preciado de la industria aeronáutica. En ese tono de ideas, es propicio mencionar:

- Existió una inadecuada evaluación del combustible, como potencial peligro.

- Se presentó una posible situación de error de liderazgo y toma de decisiones con respecto a realizar una escala técnica.

- No fue posible hallar documentos que pudieran comprobar un despacho operacional claro, concreto y con información útil en la planificación segura de la operación.

- Es probable que la tripulación no contara con toda la información precisa para planificar la navegación.

- Al momento, no se detectaron fallas técnicas o cuestiones meteorológicas que pudieran tener vínculo con el accidente.

- Al momento de la publicación del informe final se podrán conocer los factores organizacionales, como precursores sistémicos que contribuyeron en la presente catástrofe.

Tal como hemos observado a lo largo de todos los casos de estudio, existen diversos factores donde la problemática relacionada con el CRM y los FFHH suele estar presente. Este accidente no fue la excepción. Luego del análisis de cada detalle de la investigación, quedo en evidencia la falta de coordinación entre la tripulación de mando y los operadores en tierra, como ser el despachante y personal de mantenimiento de la empresa. Considerando la carencia de información para la planificación, se evidenciaron grandes falencias respecto de temas VITALES como el proceso de toma de decisión y el liderazgo por parte de ambos pilotos; un tema que suele ser puesto en discusión a menudo, donde en ocasiones, el capitán de la aeronave ordena y el primero oficial cumple con la instrucción, a sabiendas de que podría ser perjudicial para el vuelo.

Hoy por hoy, la líneas aéreas suelen invertir mucho tiempo y dinero en capacitación teórica y practica sobre CRM y FFHH. Semestralmente se suelen dictar cursos de capacitación teórica para las tripulaciones, junto con programas de instrucción practica en simuladores, donde se buscan la practica continua, no solo de fallas mecánicas propias de una aeronave, sino también falencias humanas y su correcta manipulación por parte de la tripulación.

Es de suma importancia para la carrera de todo piloto en formación, aprender que el CRM y los FFHH son una parte fundamental de la profesión aeronáutica, y no necesariamente debemos esperar a llegar a una línea aérea para poder ser capacitados, sino que será una excelente decisión si optan por comenzar su capacitación en CRM y Factores Humanos, HOY MISMO!
Buena suerte y Happy Landings!

Aviation Bookstore
aviation step by step

www.ingramcontent.com/pod-product-compliance
Lightning Source LLC
LaVergne TN
LVHW071743071126
851857LV00045B/2068
* 9 7 9 8 2 5 6 2 5 8 3 3 7 *